주머니 속
딱정벌레 도감

손상봉님은 어릴 때부터 움직이는 생물에 관심이 많아 곤충을 보면 늘 잡아서 기르곤 했습니다. 그러면서 생태를 이해하기 시작했고, 그 과정을 기록하느라 사진을 찍었습니다. 대학에서는 방송영상을 전공했으며, 지금은 다살이생물자원연구소에서 연구원으로 일하고 있습니다.
그는 곤충을 바라보기만 하는 것보다는 잡아서 만져도 보고 길러도 봐야 그들을 더 자세히 이해할 수 있다고 생각합니다. 많은 사람들이 그런 과정을 통해서 곤충을 사랑하는 방법을 스스로 깨달았으면 하는 것이 그의 소망입니다.

• 블로그 : http://blog.daum.net/gaeko5225

사진 도와 주신 분
강의영, 성기수, 최원교, 조영권, 오해용, 김경용, 이호단, 송혜인

일러두기
1. 우리 나라에서 볼 수 있는 딱정벌레 43과 440종을 소개했습니다.
2. 분류 체계는 Lawrence and Newton, 1995를 따랐습니다.
3. 곤충 이름은 『한국곤충명집』(1994)을 따랐으며, 그 후 이름이 바뀐 종들은 새로운 이름으로 표기했습니다.
4. 사는 곳은 딱정벌레들의 습성에 있어 단정짓기 어려워 좀더 많이 관찰되는 곳을 포괄적으로 표기했습니다.
5. 아과 국명이 없는 종들은 영어로 표기했습니다.
6. 나타나는 때는 종전의 자료와 지금까지 필자가 관찰·촬영한 날짜를 조합해 표기했습니다.
7. 겨울잠을 자는 형태가 밝혀지지 않은 종들은 '알려지지 않음'으로 표기했습니다.

생태 탐사의 길잡이 10

주머니 속
딱정벌레 도감

손상봉 글과 사진

황소걸음
Slow & Steady

주머니 속 딱정벌레 도감

펴낸날 | 2009년 7월 20일 초판 1쇄
         2025년 5월 25일 초판 3쇄
지은이 | 손상봉
만들어 펴낸이 | 정우진 강진영 김지영
꾸민이 | 한기석
펴낸곳 | 121-856 서울 마포구 신수동 448-6 한국출판협동조합 내 도서출판 황소걸음
편집부 | (02) 3272-8863
영업부 | (02) 706-8116
팩 스 | (02) 717-7725
이메일 | bullsbook@hanmail.net / bullsbook@naver.com
등 록 | 제22-243호(2000년 9월 18일)

황소걸음
Slow & Steady

ⓒ 손상봉, 2009

이 책의 내용을 저작권자의 허락 없이 복제, 복사, 인용, 전재하는 행위는 법으로 금지되어 있습니다.

ISBN 978-89-89370-64-2 06490

정성을 다해 만든 책입니다. 읽고 주위에 권해 주시길……
잘못된 책은 바꿔 드립니다. 값은 뒤표지에 있습니다.

딱정벌레를 만나러 갑시다

알, 애벌레, 번데기, 어른벌레의 완전탈바꿈을 거치며 몸 속에 뼈가 없는 대신 몸이 갑옷처럼 딱딱한 외골격으로 덮인 곤충들을 딱정벌레라고 부릅니다. 딱정벌레는 지구에 있는 모든 동식물의 25%를 차지할 만큼 가장 번성한 무리로, 그 종류와 생김새가 다양합니다.

집 안 쌀통에서 꼬물거리던 조그맣고 신기하게 생긴 어리쌀바구미, 소풍 갈 때면 날아와 붙으며 반겨 주던 칠성무당벌레, 더운 여름이면 학교 운동장에 커다란 그늘을 만들어 주던 양버즘나무 아래에서 만난 알락하늘소 등 주변에서 흔히 볼 수 있는 몸이 딱딱한 친구들이 모두 딱정벌레입니다.

딱정벌레들은 산이나 물 속뿐만 아니라 집 안에서도 적응할 만큼 적응력이 뛰어납니다. 그래서 사람들의 눈에 자주 띄기도 합니다. 하지만 정작 이 녀석들이 누구인지, 어떻게 사는지 알아보기는 쉽지 않습니다. 자연에 나가 보면 하루에도 수십 종류나 되는 딱정벌레를 만나지만, 그 종류가 다양하고 비슷한 것들이 많아 이름을 불러 주기도 힘듭니다. 만나고 싶은 딱정벌레가 있는데 생태에 대한 정보가 없어 답답할 때도 많습니다. 그 때마다 들고 다니기 편하게 작으면서도 많은 딱정벌레를 소개한 책이 있었으면 하는 아쉬움이 컸습니다. 제가 느끼던 아쉬움이 이 책으로 다른 이들에게 조금이나마 도움이 되었으면 좋겠습니다.

딱정벌레는 다른 곤충보다 종류가 많은 만큼 색이 화려하고 아름다우며 귀한 종이 있는가 하면, 예쁘지 않고 흔한 종도 많습니다. 하지만 귀하고 흔하고, 아름답고 그렇지 않은 것은 사람들이 만든 기준일 뿐입니다. 이 책을 통해 자연 속에서 열심히 살아가고 자기 역할을 다하는 딱정벌레의 생태를 이해하고, 나아가 모든 딱정벌레를 소중하게 여기는 분들이 많아진다면 더 바랄 게 없습니다.

책이 나오기까지 도움을 주신 많은 분들께 머리 숙여 감사의 말씀을 올립니다. 항상 친동생처럼 아껴 주고 힘이 되어 주시는 최원교·조영권 님, 딱정벌레에 대한 열정이 식지 않게 매번 새로운 자극을 주시는 강의영·성기수·오해용 님, 오로지 딱정벌레를 만나기 위해 어두운 산 속을 함께 누비며 밤을 새기도 하고, 때로는 배를 타고 섬까지 찾아가 즐거운 시간을 보내 준 황규하·이승일·박상규·박현수 님, 도감을 준비하며 도움을 준 이준구·김윤호 형, 벗 김영한·이승규, 동생 김경용·이호단, 늘 곁에서 웃음과 격려를 아끼지 않는 김지은, 부족한 저에게 소중한 기회를 주신 도서출판 황소걸음과 『자연과생태』 식구 분들에게 감사의 말을 전합니다. 끝으로 무뚝뚝해서 표현은 안 하지만 항상 못난 아들을 걱정해 주시는 아버지와 사랑하는 어머니께 존경과 감사를 드립니다.

곤충이 마냥 좋던 꼬맹이 시절을 추억하며
손상봉

차례

딱정벌레를 만나러 갑시다 · 5

딱정벌레의 이해 11

딱정벌레의 구조 · 12
딱정벌레가 사는 곳 · 13
어른벌레와 다른 모습 · 14
딱정벌레의 생존 전략 · 18
딱정벌레 만나기 · 19
  · 채집 복장
  · 채집 도구
  · 채집 방법

여러 종류의 딱정벌레들 25

원시딱정벌레아목 · 26
  · 곰보벌레과

식육아목 · 27
  1. **수상군** · 27
    · 물맴이과
    · 물방개과
  2. **육상군** · 34
    · 딱정벌레과

다식아목 · 97

반날개 계열 · 97

물땡땡이상과 · 97
- 물땡땡이과
- 풍뎅이붙이과

반날개상과 · 97
- 송장벌레과
- 반날개과

풍뎅이 계열 · 117

풍뎅이상과 · 117
- 사슴벌레과
- 사슴벌레붙이과
- 금풍뎅이과
- 붙이금풍뎅이과
- 소똥구리과

방아벌레 계열 · 183

비단벌레상과 · 183
- 비단벌레과

둥근가시벌레상과 · 197
- 물삿갓벌레과

방아벌레상과 · 198
- 방아벌레과
- 홍반디과

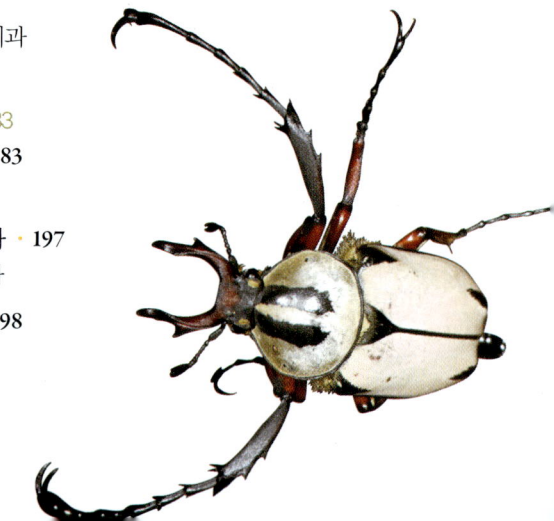

- 반딧불이과
- 병대벌레과

개나무좀 계열 · 219
- 수시렁이과
- 개나무좀과
- 빗살수염벌레과

머리대장 계열 · 223

개미붙이상과 · 223
- 쌀도적과
- 개미붙이과

머리대장상과 · 228
- 밑빠진벌레과
- 나무쑤시기과
- 머리대장과
- 버섯벌레과
- 무당벌레붙이과
- 무당벌레과

거저리상과 · 252
- 꽃벼룩과
- 거저리과
- 하늘소붙이과
- 가뢰과
- 홍날개과
- 목대장과

잎벌레상과 · 283
- · 하늘소과
- · 잎벌레과
- · 수중다리잎벌레과

바구미상과 · 403
- · 소바구미과
- · 거위벌레과
- · 바구미과

찾아보기 · 448

딱정벌레의 이해

 딱정벌레의 구조

 딱정벌레가 사는 곳

 어른벌레와 다른 모습

 딱정벌레의 생존 전략

 딱정벌레 만나기

딱정벌레의 구조

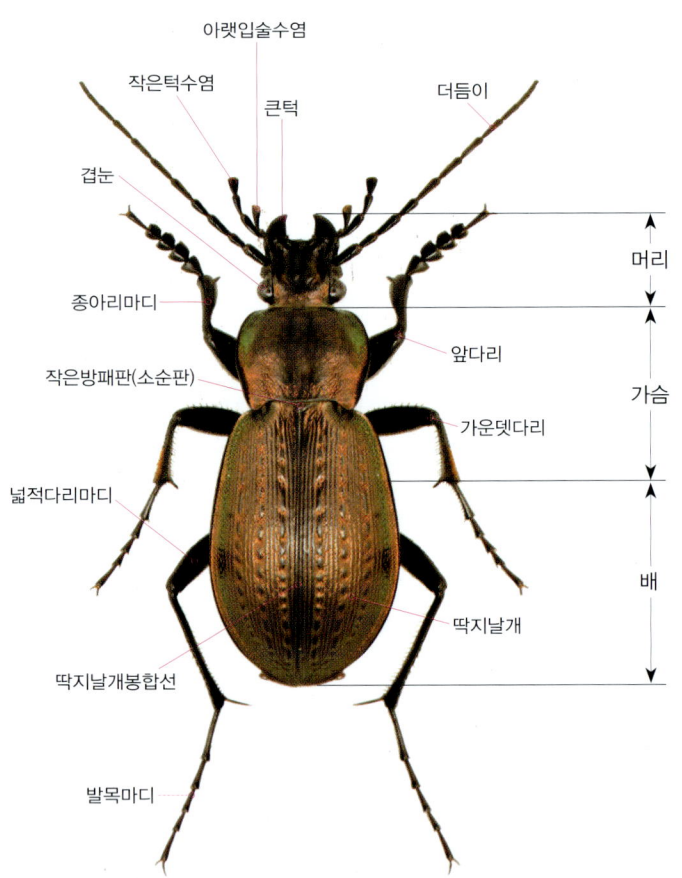

딱정벌레가 사는 곳

산
울창한 산 속은 환경이 잘 보존되어 다양한 딱정벌레를 만날 수 있는 가장 좋은 곳이다.

평지
꽃이 많이 피는 산 주변의 평지에는 꽃가루를 좋아하는 딱정벌레가 많다.

웅덩이
물 속 딱정벌레들은 흐르는 물에도 살지만, 고인 물에서 더 많은 종류를 볼 수 있다.

참나무 숲
여름에 참나무 숲에 가면 사슴벌레와 장수풍뎅이 등 참나무 진을 좋아하는 딱정벌레들을 만날 수 있다.

숲 속 민가
숲 속 민가는 날아다니는 딱정벌레를 만나기 좋은 곳이다. 낮에는 곤충들이 날아서 이동하는 모습을 관찰하기 좋고, 밤에는 불빛에 날아든 곤충들이 많다.

강가
강가에서는 돌 밑에 숨거나 모래 속을 파고드는 습성이 있는 딱정벌레들을 만날 수 있다.

어른벌레와 다른 모습

다양한 딱정벌레의 애벌레

큰넓적송장벌레

물방개

홍단딱정벌레

늦반딧불이

어른벌레의 모습을 갖춘 딱정벌레류의 번데기

버들하늘소

애사슴벌레

흰점박이꽃무지

소나무비단벌레

장수풍뎅이

멋쟁이딱정벌레

번데기에서 어른벌레로 탈바꿈
털보왕사슴벌레의 어른벌레 되기

딱정벌레의 생존 전략

의태

딱정벌레들이 보호색을 띠거나 천적이 싫어하는 곤충과 비슷한 모습, 행동으로 자신을 보호하는 방법.

소나무비단벌레는 소나무 껍질과 비슷한 색을 띤다.

봄꼬마벌하늘소는 딱지날개가 반밖에 없어 벌과 아주 비슷하다.

의사

위험에 처했을 때 죽은 척하는 방법이다.

옻나무바구미는 건드리면 죽은 척한다.
위험 요소가 사라질 때까지 꿈쩍하지 않는다.

위협

턱이나 뿔이 있는 곤충들은 위협을 느끼면 다리를 들며 몸을 세우거나, 집게를 크게 벌려 상대를 위협한다.

사슴풍뎅이는 건드리면 긴 앞다리를 이용해 위협한다.

방어

먼지벌레 종류는 위협을 느끼면 고약한 냄새가 나는 액체를 뿜는다. 대표적으로 폭탄먼지벌레는 순간 온도가 100℃나 되는 열을 내는 가스와 액체를 뿜어 자신을 보호한다.

폭탄먼지벌레는 건드리면 반사적으로 가스를 내뿜는다.

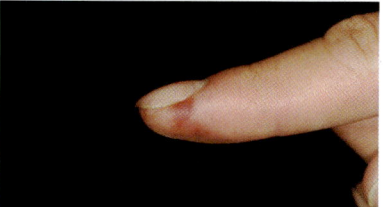

만지면 매우 뜨겁다. 액체가 닿은 부분이 검게 변했다.

딱정벌레 만나기

채집 복장

모자
채집하다 보면 자외선에 노출되어 얼굴이 새까맣게 타고, 심한 경우 피부에 화상을 입을 수도 있다. 자외선 차단제를 바르거나 모자를 써 피부가 타는 걸 방지한다. 모자는 챙이 넓고 가벼우며 통풍이 잘 되는 것을 고른다.

긴 소매 티셔츠, 긴 바지
산에 갈 때는 긴 옷을 입어 가시 덩굴이나 날카로운 풀잎에 베여 상처가 나지 않도록 주의한다.

등산화
발목까지 올라오는 등산화가 좋다. 땅이 고르지 않은 곳이나 비탈길에서 발목을 다칠 수도 있다.

가방
간단한 채집 도구나 물을 넣을 수 있고, 주머니가 많은 가방이 편리하다.

비상약
곤충에 물리거나 가시나 풀에 베여 상처가 났을 때 간단하게 치료할 수 있는 소독약과 연고, 밴드를 항상 챙긴다.

채집 도구

포충망
딱정벌레를 채집할 때 필수품으로, 높은 곳에 앉은 딱정벌레를 잡을 때 사용한다. 보통 낚시 가게에서 쓰는 뜰채에 망만 바꿔 사용한다. 요즘은 인터넷으로 구입할 수 있다.

지퍼백
채집한 딱정벌레를 담아 둘 때 사용한다. 휴대하기 편하고 크기가 다양하며 부피도 적어 사용하기 좋다. 하지만 곤충이 눌릴 수 있으니 조심한다.

플라스틱 통
잡은 곤충이 눌릴 위험이 있을 때는 겉이 딱딱하고 깨질 염려가 적은 플라스틱 통에 담아 보관하는 것이 안전하다.

펜
곤충을 담은 지퍼백이나 플라스틱 통에 채집한 곳과 날짜, 특징 등을 꼼꼼히 기록한다.

손도끼
나무 속에 사는 곤충, 주로 사슴벌레를 채집할 때 사용한다. 겨울에 썩은 나무 등을 부술 때도 쓴다.

핀셋
나무 틈과 같이 좁은 곳에 숨어 있는 곤충을 채집할 때 사용한다.

카메라
자연에서 관찰한 딱정벌레의 생김새와 생태적인 행동을 사진으로 기록하면 좋은 공부가 된다. 카메라는 자신이 사용하기 편리한 것이 좋다. 주머니 속에 넣어 가지고 다닐 수 있는 디지털 카메라나 DSLR(디지털 일안 반사식 카메라) 어떤 것이든 상관 없다. 다만 디지털 카메라는 접사가 잘 되는 기종을 선택하는 것이 필수다.

랜턴
밤에 활동하는 곤충을 관찰하는 데 꼭 필요한 장비다. 빛이 강하고 가벼우며 조명 시간이 긴 랜턴을 선택하는 것이 좋다.

채집 방법

등화 채집
해가 진 뒤 낮에 딱정벌레를 많이 본 장소 중 트인 공간에 전구를 켜서 불빛에 날아오는 딱정벌레를 잡는 방법이다. 이동하지 않고 한 장소에서 많은 곤충을 쉽게 채집할 수 있다. 달이 밝은 날은 달빛과 불빛이 분산되어 딱정벌레들이 많이 날아오지 않으니 피한다. 전구 주변에는 흰 천을 깔아야 곤충을 찾기 쉽다. 등화 채집 장비가 없다면 산 주변에 있는 주유소나 휴양림 등을 이용하는 방법도 좋다.

함정 채집

육식 곤충을 채집할 때 주로 쓰는 방법이다. 종이컵을 땅과 수평이 되도록 묻은 뒤 썩은 고기나 포도주 등 냄새가 많이 나는 먹이를 넣어 두고 기다리면 냄새를 맡고 온 딱정벌레들이 컵 속으로 빠진다. 이 때 함정으로 만든 컵은 이른 아침에 확인하는 것이 좋다. 시간이 지나면 새나 다른 동물들이 와서 컵에 빠진 곤충을 잡아먹는다.

유인 채집

나무 진을 좋아하는 사슴벌레나 장수풍뎅이, 꽃무지 등을 채집할 때 쓰는 방법이다. 바나나 파인애플과 같이 냄새가 잘 퍼지는 과일을 푹 썩혀서 양파 망에 담아 나무에 걸어 두거나 나무에 바른 다음, 냄새를 맡고 모여든 딱정벌레를 채집한다. 과일 대신 흑설탕이나 단 냄새가 나는 것을 이용해도 된다.

쓸어 잡기, 털어 잡기

나뭇잎이나 풀잎에 앉은 곤충이 눈에 보이는 경우는 생각보다 많지 않다. 이 때 포충망을 이용해 쓸어 담듯이 채집하는 방법이다. 쓸어 잡기를 해 보면 평소 보지 못한 작은 딱정벌레부터 큰 딱정벌레까지 다양하게 채집할 수 있다. 털어 잡기도 이와 비슷하다.

나무 속 딱정벌레 잡기

딱정벌레 중에는 나무 속에서만 활동하는 종도 있다. 손도끼를 이용해서 썩은 나무를 부수면 그 속에서 다양한 딱정벌레를 채집할 수 있다. 겨울에 사슴벌레나 다양한 딱정벌레를 채집할 때 많이 사용하는 방법이다.

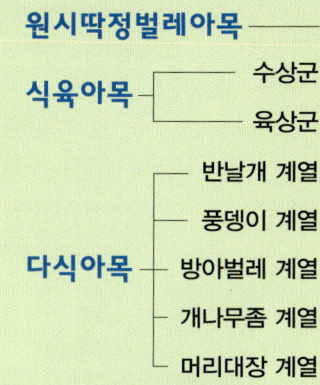

- **원시딱정벌레아목**
- **식육아목**
  - 수상군
  - 육상군
- **다식아목**
  - 반날개 계열
  - 풍뎅이 계열
  - 방아벌레 계열
  - 개나무좀 계열
  - 머리대장 계열

여러 종류의 딱정벌레들

◘ 나무껍질 밑에서 발견된 곰보벌레.

곰보벌레

원시적인 딱정벌레 중 대표적인 곤충이다. 몸 전체가 어두운 갈색을 띠며, 더듬이는 열한 마디다. 다리가 짧고, 몸은 길고 납작하다. 만지면 더듬이를 쭉 뻗고 죽은 척한다. 보통 썩은 나무껍질 밑에서 볼 수 있으며, 한여름에는 불빛에 날아오기도 한다.

곰보벌레과

크기 9~17mm
사는 곳 낮은 산
나타나는 때 6~7월
움직이는 때 밤
겨울잠 어른벌레

□ 물 위를 빙글빙글 돈다.(위)
□ 물에 뜬 채로 쉰다.(아래)

물맴이

몸은 광택이 나는 검은색이다. 눈은 두 쌍이 있는데 한 쌍은 물 위를 보는 눈이고, 다른 한 쌍은 물 아래를 보는 눈이다. 물의 흐름이 느린 계곡이나 물이 고인 곳에서 여러 마리가 물 위를 빙빙 돌며 헤엄친다.

물맴이과
물맴이아과

크기 6~7.5mm
사는 곳 물 흐름이 느린 계곡, 웅덩이
나타나는 때 4~10월
움직이는 때 낮
겨울잠 어른벌레

◘ 얼음이 언 물가의 낙엽 밑에서 겨울잠을 잔다.

애기물방개

몸빛은 흑갈색이고, 딱지날개 테두리에 연한 갈색 줄무늬가 있다. 어른벌레는 웅덩이나 연못뿐 아니라 빗물이 고인 데서도 발견될 만큼 개체 수가 많고, 밤에는 불빛에 잘 날아온다.

물방개과
물방개아과

크기 12mm 안팎
사는 곳 웅덩이, 연못
나타나는 때 1~12월
움직이는 때 낮
겨울잠 어른벌레

◘ 숨을 쉬기 위해 물 위로 올라왔다.

큰알락물방개

**물방개과
물방개아과**

크기 16~17mm
사는 곳 연못, 늪, 웅덩이
나타나는 때 1~12월
움직이는 때 낮
겨울잠 어른벌레

머리와 가슴은 주황색이고, 딱지날개는 검은 바탕에 황백색 무늬가 있다. 어른벌레와 애벌레 모두 육식을 하며, 어른벌레는 가로등 불빛에 많이 날아온다. 지금까지는 제주도에서만 발견되었다.

◘ 딱지날개 속에 있는 속날개가 비쳐 보인다.

잿빛물방개

몸은 전체적으로 밝은 색이다. 딱지날개는 검은빛이 돌며, 속날개가 비쳐 보인다. 딱지날개에 세로로 일정한 점이 있고, 가로로 검고 굵은 번개 모양 무늬도 있다. 어른벌레와 애벌레 모두 물 속에서 육식을 하고, 어른벌레는 불빛에 잘 날아온다.

**물방개과
물방개아과**

크기 11~16mm
사는 곳 웅덩이
나타나는 때 1~12월
움직이는 때 낮
겨울잠 어른벌레

▫ 물 속에서 짝짓기를 한다.(위)
▫ 뜰채에 걸려 올라온 수컷. 딱지날개에 굵게 파인 줄이 없다.(아래)

물방개과
물방개아과

크기 34~36mm
사는 곳 연못, 웅덩이
나타나는 때 1~12월
움직이는 때 낮
겨울잠 어른벌레

배물방개붙이

몸은 검은색이며, 노란 가슴에 검고 넓은 직사각형 무늬가 있다. 딱지날개 테두리에는 노란 줄이 있는데, 암컷은 딱지날개 위에 굵은 줄이 파였다. 웅덩이에 살며, 어른벌레와 애벌레 모두 다른 곤충이나 물고기를 잡아먹는다.

◘ 엉덩이 쪽에 공기 방울이 달려 있다.

물방개

우리 나라 물방개 종류 중 가장 크다. 몸은 타원형이고, 딱지날개는 보는 각도에 따라 녹색이 나며, 테두리에 노란 줄이 있다. 어른벌레와 애벌레 모두 육식을 하며, 어른벌레는 불빛에 날아오기도 한다. 예전에는 웅덩이나 연못 등에서 쉽게 볼 수 있었지만, 수질이 오염되어 개체 수가 급격히 줄었다.

**물방개과
물방개아과**

크기 35~40mm
사는 곳 연못, 늪, 웅덩이
나타나는 때 1~12월
움직이는 때 낮
겨울잠 어른벌레

■ 물이 마르면 다른 곳으로 이동하기 위해 물에서 기어 나온다.(위)
■ 뿌연 액체에서 역겨운 냄새가 난다.(아래)

검정물방개

**물방개과
물방개아과**

크기 23~24mm
사는 곳 연못, 늪, 웅덩이
나타나는 때 1~12월
움직이는 때 낮
겨울잠 어른벌레

타원형 몸 전체가 광택이 나는 검은색이다. 딱지날개 끝 부분에 희미한 점이 있으며, 어른벌레와 애벌레 모두 육식을 한다. 다른 물방개보다 개체 수가 많은 편이고, 만지면 머리와 가슴 사이에서 고약한 냄새가 나는 뿌연 액체가 나온다.

◘ 볕이 뜨거우면 몸을 세워 볕 받는 면적을 줄인다.

개야길앞잡이

온몸이 검은색이며, 딱지날개 테두리나 몸에 살짝 파란빛이 돈다. 굵은 모래나 자갈이 많은 강가에서 주로 산다. 암수의 윗입술 색이 다르다. 모든 길앞잡이 애벌레는 땅에 구멍을 파고 만든 함정에서 기다리다 지나가는 곤충을 잡아먹는다.

**딱정벌레과
길앞잡이아과**

크기 11~13mm
사는 곳 강가의 모래 습지
나타나는 때 6~8월
움직이는 때 낮
겨울잠 애벌레, 어른벌레

□ 짝짓기

**딱정벌레과
길앞잡이아과**

크기 7~10mm
사는 곳 바닷가 펄, 염전
나타나는 때 6~8월
움직이는 때 낮
겨울잠 애벌레, 어른벌레

흰테길앞잡이

몸이 가늘어서 다리가 매우 길어 보인다. 몸이 구릿빛이고, 딱지날개 테두리에 흰 무늬가 있어 다른 종과 구별하기 쉽다. 바닷가의 펄이나 염전 근처에서 볼 수 있으며, 어른벌레는 불빛에도 날아온다.

◘ 가슴 부분이 긴 털로 덮였다.

강변길앞잡이

머리와 가슴은 청동색이며, 가슴은 긴 회백색 털로 덮였다. 딱지날개는 누런 바탕에 대칭을 이루는 특이한 무늬가 있다. 강가 모래밭에서 작은 곤충들을 잡아먹는다. 딱지날개의 무늬와 색이 모래와 비슷해 알아보기 어렵다.

딱정벌레과 길앞잡이아과

크기 15~17mm
사는 곳 강가 모래밭
나타나는 때 6~8월
움직이는 때 낮
겨울잠 애벌레, 어른벌레

□ 볕을 쬐는 모습.(위)
□ 짝짓기(아래)

**딱정벌레과
길앞잡이아과**

크기 16~17mm
사는 곳 산길, 풀밭
나타나는 때 4~6월
움직이는 때 낮
겨울잠 애벌레, 어른벌레

아이누길앞잡이

이른 봄부터 활동하는 길앞잡이 종류다. 산길, 풀밭뿐 아니라 밭이나 물가 주변 등 다양한 곳에서 쉽게 만날 수 있다. 길앞잡이는 기온이 높으면 빠르게 움직이고, 기온이 낮고 흐린 날에는 좀 둔해진다. 암컷은 땅에 알을 낳는다. 애벌레는 땅에 구멍을 파고 들어가 머리만 내밀고 있다가 먹이가 지나가면 잡아먹는다.

◘ 바닷가 모래밭에서 볼 수 있다.

큰무늬길앞잡이

서해안과 남해안의 모래밭에서 볼 수 있다. 딱지날개는 흑남색 바탕에 굵고 누런 무늬가 있다. 어른벌레는 해안가에서 작은 곤충들을 사냥하며, 애벌레는 모래에 판 함정에서 먹이를 기다리다 지나가는 곤충을 잡아먹는다.

딱정벌레과 길앞잡이아과

크기 15~18mm
사는 곳 바닷가 모래밭
나타나는 때 5~8월
움직이는 때 낮
겨울잠 애벌레, 어른벌레

- 높은 산에서 만난 개체는 녹색이 난다.(위)
- 어두운 회색 개체도 있다.(아래)

**딱정벌레과
길앞잡이아과**

크기 15~18mm
사는 곳 산
나타나는 때 6~9월
움직이는 때 낮
겨울잠 애벌레, 어른벌레

산길앞잡이

우리 나라 길앞잡이 중 가장 높은 곳에 산다. 보통 큰 산에서 볼 수 있다. 몸은 어두운 회색을 띠고, 등에는 황색 무늬가 대칭을 이룬다. 높은 곳에 사는 산길앞잡이 중에는 녹색이 나는 개체들이 있다.

◻ 볕이 쨍쨍한 날 모래밭에서 볕을 쬔다.

참길앞잡이

아이누길앞잡이와 비슷하게 생겼으나 크기가 작다. 전국 어느 곳에서나 볼 수 있으며, 개체 수가 많다. 이른 곳에서는 3월부터 어른벌레가 나와 활동하며, 특히 강가의 모래밭에서 자주 눈에 띈다.

딱정벌레과 길앞잡이아과

크기 10~13mm
사는 곳 강가와 바닷가 모래밭
나타나는 때 3~11월
움직이는 때 낮
겨울잠 애벌레, 어른벌레

◨ 흙에서 빠르게 돌아다닌다.

**딱정벌레과
길앞잡이아과**

크기 10~12mm
사는 곳 강가의 풀밭
나타나는 때 6~8월
움직이는 때 낮
겨울잠 애벌레, 어른벌레

깔따구길앞잡이

길쭉한 몸이 전체적으로 검은색이며, 딱지날개 테두리에 흰 무늬가 있다. 딱지날개 끝에 붉은 무늬가 있는 개체도 눈에 띈다. 강가의 풀밭에서 빠르게 기어다니는데, 너무 빨라 관찰하기 어렵다.

▫ 작고 빨라서 관찰하기 어렵다.

화홍깔따구길앞잡이

몸이 길쭉하고, 광택이 나는 구릿빛이다. 딱지날개 끝부분에 흰 대각선 무늬가 있다. 개펄이나 염전 부근에서 주로 볼 수 있다. 재빨리 기어다니며, 어른벌레는 불빛에 날아오기도 한다.

딱정벌레과
길앞잡이아과

크기 10~12mm
사는 곳 개펄, 염전
나타나는 때 6~8월
움직이는 때 낮
겨울잠 애벌레, 어른벌레

- 습지에서 만났다.(위)
- 짝짓기(왼쪽)
- 애벌레가 구멍 함정에서 머리만 내밀고 먹이를 기다린다.(오른쪽)

딱정벌레과 길앞잡이아과

크기 8~11mm
사는 곳 강가 습지, 바닷가
나타나는 때 6~9월
움직이는 때 낮
겨울잠 애벌레, 어른벌레

꼬마길앞잡이

크기가 작은 편이다. 전국의 바닷가, 염전, 강가 습지 등 다양한 곳에서 볼 수 있다. 개체 수가 많은 곳에서는 가까이 다가가면 파리 떼처럼 동시에 날기도 한다.

◘ 모래 습지에서 만났다.

쇠길앞잡이

온몸이 흑남색이며, 딱지날개에 가늘고 누런 무늬가 있다. 강가의 모래 습지 주변에서 자주 눈에 띈다. 꼬마길앞잡이와 비슷해 헷갈리기 쉬우나, 비교적 몸이 가늘고 길쭉하다. 밤에 불빛에 날아들고, 잡으면 사향 냄새가 난다.

**딱정벌레과
길앞잡이아과**

크기 11~13mm
사는 곳 강가의 모래 습지
나타나는 때 6~8월
움직이는 때 낮
겨울잠 애벌레, 어른벌레

- 몸빛이 화려하다.(위)
- 긴 다리로 재빨리 기어가 먹이를 잡아먹는다.(아래)

길앞잡이

**딱정벌레과
길앞잡이아과**

크기 18~21mm
사는 곳 산길, 밭
나타나는 때 4~6월, 8~9월
움직이는 때 낮
겨울잠 어른벌레

길앞잡이 종류 중 가장 크고 몸빛이 화려하다. 전국 어디에서나 볼 수 있으며, 초봄 산길이나 농촌의 밭 주위에서 자주 눈에 띈다. 경계심이 많아 다가가면 날아서 일정한 간격을 두고 앉는다. 개미와 같이 작은 곤충을 잡아먹는다.

◘ 딱지날개의 무늬가 특이하다.(위)
◘ 개펄 위를 돌아다닌다.(아래)

무녀길앞잡이

서해안의 염전이나 개펄에서 주로 볼 수 있다. 딱지날개는 황갈색 바탕에 특이한 무늬가 있다. 움직임이 매우 빠르며, 염전이나 펄 주변에 사는 작은 곤충을 잡아먹는다.

딱정벌레과 길앞잡이아과

크기 11~15mm
사는 곳 개펄, 염전
나타나는 때 6~9월
움직이는 때 낮
겨울잠 애벌레, 어른벌레

◘ 펄에 앉았다.

딱정벌레과 길앞잡이아과

크기 14~16mm
사는 곳 개펄, 염전
나타나는 때 7~9월
움직이는 때 낮
겨울잠 애벌레, 어른벌레

북방길앞잡이

2007년 7월 우리 나라에서 처음 발견된 종이다. 몸은 흑남색이며, 딱지날개에는 황백색 무늬가 대칭을 이룬다. 개펄이나 염전에 사는데, 지금까지는 인천 옹진군 백령도에서만 관찰되었다.

◘ 나무를 타고 먹이를 찾아다닌다.

풀색명주딱정벌레

몸이 납작하며, 딱지날개 테두리는 은은한 녹색이 돈다. 딱정벌레는 날개가 퇴화되어 잘 날지 못하는데, 명주딱정벌레 종류는 속날개가 있어 잘 난다. 낮에 나무 위를 다니며 나비와 나방의 애벌레를 잡아먹는다.

딱정벌레과
딱정벌레아과

크기 18~25mm
사는 곳 평지, 숲
나타나는 때 4~9월
움직이는 때 낮
겨울잠 어른벌레

◘ 몸 전체가 검다.

딱정벌레과
딱정벌레아과

크기 22~31mm
사는 곳 평지, 숲
나타나는 때 3~7월
움직이는 때 밤
겨울잠 어른벌레

검정명주딱정벌레

풀색명주딱정벌레와 생김새가 비슷하나, 비교적 크고 몸빛이 검다. 산보다는 공원이나 마을 주변에서 많이 보이고, 만지면 지독한 냄새가 난다. 죽은 곤충을 주로 먹는다.

▫ 딱지날개에 금색 점이 선명하다.

큰명주딱정벌레

몸은 구릿빛을 띠고, 딱지날개에 금색을 띠는 점이 세 줄 있으며, 종아리마디가 휘었다. 다른 딱정벌레들과 달리 산보다는 숲 근처의 공원이나 조경이 된 공터 등에서 자주 보이며, 낮에는 관찰하기 어렵다. 가로등 불빛에 날아온 개체들을 볼 수 있다.

딱정벌레과 딱정벌레아과

크기 20~30mm
사는 곳 낮은 산, 공원
나타나는 때 5~8월
움직이는 때 밤
겨울잠 어른벌레

□ 죽은 개구리를 먹는다.(위)
□ 딱지날개 테두리에 푸른빛이 난다.(아래)

**딱정벌레과
딱정벌레아과**

크기 25~31mm
사는 곳 평지
나타나는 때 5~9월
움직이는 때 밤
겨울잠 어른벌레

제주왕딱정벌레

가슴이 넓적하고 크다. 몸빛이 검고, 딱지날개에 가는 세로줄이 많다. 왕딱정벌레는 가슴이 붉고 딱지날개 테두리에 녹색이 나며 개체 수가 적지만, 제주왕딱정벌레는 푸른빛이 나고 제주도 어느 곳에서나 보이며 개체 수가 많다.

▫ 산길에서 자주 보인다.

멋쟁이딱정벌레

우리 나라 딱정벌레 중 큰 편에 속하며, 사는 지역에 따라 가슴과 딱지날개 테두리 색이 다르다. 어른벌레와 애벌레 모두 육식성이라 같이 먹이를 먹는 모습도 관찰된다. 어른벌레는 산 속 경사진 면의 돌 밑이나 썩은 나무에서 겨울잠을 자며, 이른 봄에 짝짓기를 하고 알을 낳는다.

딱정벌레과 딱정벌레아과

크기 28~40mm
사는 곳 평지, 산
나타나는 때 4~11월
움직이는 때 밤
겨울잠 어른벌레

1 전라남도에서 만난 개체.
2 강원도에서 만난 개체.
3 경기도에서 만난 개체.

◻ 죽은 지렁이를 먹는다.(위)
◻ 고산 지대에 사는 개체는 초록빛을 띤다.(아래)

우리딱정벌레

몸빛은 보통 구릿빛을 띠는데, 강원도의 고산 지대에서는 초록빛을 띠는 개체도 보인다. 다른 딱정벌레보다 추위에 강한 편이라 3월이나 11월 밤에도 먹이 활동을 한다. 죽은 지렁이나 다른 곤충의 애벌레를 주로 먹는다.

딱정벌레과
딱정벌레아과

크기 22~30mm
사는 곳 산지
나타나는 때 3~11월
움직이는 때 밤
겨울잠 어른벌레

- 금속성 붉은색이다.(위)
- 녹색을 띠는 상재홍단딱정벌레.(왼쪽)
- 온몸이 검은 개체도 있다.(오른쪽)

홍단딱정벌레

몸 윗면이 붉은색을 띠어 이름에 '홍단'이 붙었다. 전국 어디에서나 볼 수 있으며, 높은 산에서 발견되는 개체일수록 광택이 강하다. 관찰되는 개체마다 붉은색의 정도와 딱지날개의 돌기 모양이 조금씩 다르다. 애벌레는 금속성 청람색이다.

**딱정벌레과
딱정벌레아과**

크기 25~45mm
사는 곳 산
나타나는 때 4~11월
움직이는 때 밤
겨울잠 어른벌레

■ 가슴이 가늘고 길쭉하다.

윤조롱박딱정벌레

멋조롱박딱정벌레와 생김새가 비슷하지만, 가슴이 길쭉하고 훨씬 크다. 딱지날개의 돌기는 직사각형이며, 비교적 나란하다. 다른 딱정벌레보다 다리가 긴 편이다. 밤에 먹이를 찾아 빠르게 돌아다닌다.

딱정벌레과
딱정벌레아과

크기 22~35mm
사는 곳 높은 산
나타나는 때 4~9월
움직이는 때 밤
겨울잠 어른벌레

▫ 가슴과 배 사이가 잘록한 게 조롱박처럼 생겼다.(위)
▫ 딱지날개가 파란 개체(아래)

멋조롱박딱정벌레

**딱정벌레과
딱정벌레아과**

크기 23~28mm
사는 곳 높은 산
나타나는 때 4~9월
움직이는 때 밤
겨울잠 어른벌레

생김새가 조롱박을 닮아 붙은 이름이다. 가슴은 자주색이고, 딱지날개는 녹색이나 청색을 띠어 매우 아름답다. 경기도나 강원도의 높은 산에서 주로 볼 수 있다. 밤에 나와 지렁이나 나방 애벌레를 먹는다. 현재 환경부 보호종 2급에 지정되어 보호받고 있다.

▫ 도로에서 죽은 곤충을 먹는다.

애딱정벌레

몸빛은 붉은색과 녹색이 섞인 것이 많은데, 지역에 따라 어두운 붉은색을 띠는 개체도 있다. 딱지날개는 돌기가 많아 울퉁불퉁하다. 낮은 산이나 밭 주변에서 볼 수 있으며, 낮에는 주로 돌 밑이나 구멍에 숨었다가 밤에 활동한다. 밟혀 죽은 지렁이나 곤충 등을 먹는다.

딱정벌레과 딱정벌레아과

크기 17~23mm
사는 곳 평지, 낮은 산
나타나는 때 5~9월
움직이는 때 밤
겨울잠 어른벌레

◘ 먹이를 찾아 산 속을 돌아다닌다.

두꺼비딱정벌레

딱정벌레 종류 중 작은 편에 속한다. 높은 산에서 주로 볼 수 있다. 몸 전체가 검은색을 띠며, 딱지날개는 곰보 자국처럼 울퉁불퉁하다. 몸집이 작아 먹이 경쟁에서 다른 야행성 육식 곤충들에게 밀리기도 한다.

딱정벌레과
딱정벌레아과

크기 17~22mm
사는 곳 산
나타나는 때 4~8월
움직이는 때 밤
겨울잠 어른벌레

□ 몸이 넓적하고 가슴이 네모나다.

고려줄딱정벌레

온몸이 검고 광택이 없다. 몸이 넓적하며, 가슴이 유난히 각이 져 보인다. 딱지날개에는 볼록한 점들이 세로로 나란하다. 밤에 죽은 곤충이나 지렁이 등을 먹으러 돌아다닌다. 줄딱정벌레 종류는 온몸이 검고 생김새와 생태가 비슷하며, 연구가 많이 되지 않아 구별하기 힘들다.

딱정벌레과
딱정벌레아과

크기 25~34mm
사는 곳 산지
나타나는 때 6~9월
움직이는 때 밤
겨울잠 어른벌레

고려줄딱정벌레와 유사한 종

민줄딱정벌레는 가슴에 광택이 있다.

애기맵시딱정벌레는 딱지날개에 세로줄과 돌기가 있다.

◘ 밤에 산길에서 볼 수 있다.

중국먼지벌레

몸 전체가 광택이 강한 검은색이며, 다리만 갈색이다. 가슴이 짧고 넓적하며, 딱지날개에 세로줄이 선명하다. 밤에 등산로나 산길 주변에 나와 죽은 곤충을 먹는다.

딱정벌레과
가슴먼지벌레아과

크기 14mm
사는 곳 산, 평지
나타나는 때 6~8월
움직이는 때 밤
겨울잠 어른벌레

◘ 밤에 해안가 길에서 볼 수 있다.

**딱정벌레과
가슴먼지벌레아과**

크기 13~17mm
사는 곳 강가와 해안가 주변
나타나는 때 3~10월
움직이는 때 밤
겨울잠 어른벌레

노랑선두리먼지벌레

머리와 딱지날개는 검은색이고, 가슴과 딱지날개 테두리는 광택이 나는 주황색이다. 딱지날개에 세로줄이 있다. 강가나 해안가 주변의 숲에서 자주 보이고, 밤에 나와 작은 곤충들을 잡아먹는다.

▫ 밤에 모래밭을 돌아다니다 짝짓기를 한다.

가는조롱박먼지벌레

몸빛이 검고 턱이 크다. 가슴과 배가 이어지는 부분이 잘록하다. 앞다리가 굵고 톱니 모양이라 땅을 파기 좋다. 낮에는 돌 밑이나 땅에 굴을 파서 숨고, 밤에 나와 작은 곤충을 잡아먹는다. 부드러운 모래가 있는 바닷가나 계곡에서 볼 수 있고, 산에서도 간혹 보인다.

딱정벌레과
조롱박먼지벌레아과

크기 17~22mm
사는 곳 계곡, 해변의 모래밭
나타나는 때 5~10월
움직이는 때 밤
겨울잠 알려지지 않음

- 자기보다 몸집이 작은 먼지벌레를 잡아먹는다.(위)
- 위협을 느끼면 죽은 척한다.(아래)

큰조롱박먼지벌레

**딱정벌레과
조롱박먼지벌레아과**

크기 28~43mm
사는 곳 바닷가 모래밭
나타나는 때 6~10월
움직이는 때 밤
겨울잠 알려지지 않음

바닷가의 부드러운 모래와 풀이 맞닿은 곳에서 살며, 40mm가 넘을 정도로 몸집이 큰 개체도 있다. 강한 턱으로 밤에 작은 곤충을 사냥하거나, 죽은 곤충을 먹는다. 보통 모래밭 주변에서 기어다니지만, 불빛을 보고 날아오기도 한다. 위협을 느끼면 다리를 오므리고 죽은 척한다.

◘ 먹이를 찾아 바쁘게 돌아다닌다.

애조롱박먼지벌레

몸이 가늘고 길쭉하며, 가슴과 배 사이가 잘록하다. 몸빛은 광택이 나는 검은색이며, 딱지날개는 갈색이 돈다. 낮은 산이나 평지의 흙바닥에서 주로 볼 수 있으며, 밤이 되면 먹이를 찾아 돌아다닌다.

딱정벌레과
조롱박먼지벌레아과

크기 10mm 안팎
사는 곳 평지, 낮은 산
나타나는 때 4~9월
움직이는 때 밤
겨울잠 알려지지 않음

- 모래밭에서 주로 활동한다.(위)
- 딱정벌레붙이의 집(아래)

딱정벌레붙이

**딱정벌레과
딱정벌레붙이아과**

크기 20~22mm
사는 곳 강가나 바닷가 모래밭
나타나는 때 6~10월
움직이는 때 밤
겨울잠 어른벌레

가슴이 짧고 넓적하며, 딱지날개 끝이 뾰족하다. 몸빛이 검고, 종아리마디 부분만 옅은 갈색이다. 낮에는 강이나 바닷가의 모래밭에 구멍을 파고 숨었다가 밤이 되면 밖으로 나와 작은 곤충을 사냥하거나 죽은 곤충을 먹는다.

▫ 나무 기둥에 붙어 있다.

줄딱부리강변먼지벌레

눈이 크고 돌출되었다. 배 부분이 넓고 납작하며 구릿빛을 띤다. 딱지날개에는 검은 무늬들이 희미하게 섞였다. 어른벌레는 낮에도 그늘에 있는 나무에서 돌아다니지만, 몸집이 워낙 작고 색깔도 나무와 비슷해 잘 보이지 않는다.

딱정벌레과
강변먼지벌레아과

크기 4mm 안팎
사는 곳 평지
나타나는 때 3~11월
움직이는 때 밤
겨울잠 어른벌레

◘ 땅 속에서 겨울잠을 잔다.

네눈박이강변먼지벌레

**딱정벌레과
강변먼지벌레아과**

크기 4.5mm 안팎
사는 곳 강가의 모래밭 주변
나타나는 때 3~8월
움직이는 때 밤
겨울잠 어른벌레

몸이 납작하며, 배 부분이 넓다. 온몸에 광택이 있고, 딱지날개에는 황갈색 무늬가 대칭을 이룬다. 강가의 모래밭 주변에서 주로 볼 수 있다. 여러 마리가 경사진 모래밭에 모여 겨울잠을 잔다.

◘ 밤에 활동한다.

한국길쭉먼지벌레

몸은 넓적하고 광택 있는 검은색을 띠는데, 보는 각도에 따라 보랏빛이 난다. 딱지날개에는 선명한 줄이 나란하다. 전국 어디에서나 흔히 보이는 종이며, 밤에 나와 밟혀 죽은 지렁이나 곤충을 먹는다.

**딱정벌레과
길쭉먼지벌레아과**

크기 20mm 안팎
사는 곳 낮은 산
나타나는 때 6~8월
움직이는 때 밤
겨울잠 어른벌레

▫ 가슴이 자줏빛이다.

루이스큰먼지벌레

**딱정벌레과
길쭉먼지벌레아과**

크기 16~18mm
사는 곳 낮은 산
나타나는 때 6~9월
움직이는 때 밤
겨울잠 알려지지 않음

머리와 가슴은 자줏빛이고, 광택이 강하다. 딱지날개는 검고, 굵은 세로줄이 있다. 낮은 산이나 평지 등에서 쉽게 볼 수 있는 종이다. 밤이 되면 먹이를 찾으러 돌아다니는 모습이 눈에 띈다.

◘ 죽은 보라금풍뎅이를 먹는 모습.

검정칠납작먼지벌레

온몸이 광택 있는 검은색이며, 딱지날개에는 굵은 세로줄이 있다. 밤이 되면 활동을 시작하며, 육식성 곤충답게 다양한 곤충이나 동물의 사체를 먹는다. 만지면 고약한 냄새가 난다.

딱정벌레과
길쭉먼지벌레아과

크기 10~13mm
사는 곳 낮은 산
나타나는 때 5~9월
움직이는 때 밤
겨울잠 알려지지 않음

◘ 돌에 앉았다.

날개끝가시먼지벌레

**딱정벌레과
길쭉먼지벌레아과**

크기 10.5~13mm
사는 곳 낮은 산
나타나는 때 4~10월
움직이는 때 밤
겨울잠 어른벌레

청동색 딱지날개를 제외하고 온몸이 적갈색이며, 광택이 매우 강하다. 몸이 납작해 나뭇잎이나 돌에 앉으면 딱 달라붙은 것 같다. 불빛을 보고 잘 날아오며, 만지면 코를 찌르는 냄새가 난다.

- 개체 수가 많아 쉽게 볼 수 있다.(위)
- 가슴이 검은 개체(아래)

등빨간먼지벌레

딱지날개에 빨간 무늬가 있어서 붙은 이름이다. 그러나 딱지날개에 빨간 무늬가 없는 개체, 가슴이 빨간 개체 등 변이가 많다. 전국 어디에서나 흔히 볼 수 있는 종이며, 밤에 산길이나 풀밭에서 작은 곤충을 잡아먹는다.

딱정벌레과 길쭉먼지벌레아과

크기 17~20mm
사는 곳 낮은 산, 들판
나타나는 때 5~10월
움직이는 때 밤
겨울잠 어른벌레

◘ 불빛을 비추면 움직임을 멈춘다.

가는청동머리먼지벌레

딱정벌레과 먼지벌레아과

크기 10mm 안팎
사는 곳 평지
나타나는 때 4~11월
움직이는 때 밤
겨울잠 어른벌레

몸이 길쭉한 타원형이다. 가슴은 녹색이며, 딱지날개 쪽으로 갈수록 청동색을 띤다. 이른 봄부터 늦가을까지 활동하며, 개체 수도 매우 많아 관찰하기 쉽다. 밤에 주로 활동하지만, 낮에도 잘 날아다닌다.

◘ 제주도에 많다.

털머리먼지벌레

온몸이 광택 없는 검은색이며, 머리부터 딱지날개까지 황갈색 털이 듬성듬성하다. 남쪽 지방에서 많이 관찰된다. 낮에는 낙엽이나 돌 밑에 숨었다가 밤이 되면 활동한다.

딱정벌레과 먼지벌레아과

크기 7.5~10mm
사는 곳 평지
나타나는 때 5~8월
움직이는 때 밤
겨울잠 알려지지 않음

□ 풀밭 주변의 가로등 불빛에 날아왔다.

**딱정벌레과
먼지벌레아과**

크기 20~24mm
사는 곳 평지
나타나는 때 6~8월
움직이는 때 밤
겨울잠 애벌레

머리먼지벌레

머리와 가슴의 너비가 거의 비슷할 만큼 머리가 크다. 다리를 제외한 몸 전체가 검은색이며, 머리만 광택이 난다. 어른벌레는 밤에 작은 곤충을 잡아먹는다. 불빛에 날아오는 먼지벌레 종류 중 하나다.

▫ 땅에 떨어진 열매를 먹는다.

울릉둥글먼지벌레

머리가 크고, 가슴은 짧고 둥글다. 온몸이 검고 머리와 가슴에 광택이 나며, 딱지날개에는 세로줄이 있다. 산 주변이나 마을 등에서 자주 눈에 띄며, 죽은 곤충이나 여러 가지 열매를 먹는다.

딱정벌레과
둥글먼지벌레아과

크기 13.5~15.5mm
사는 곳 평지
나타나는 때 6~10월
움직이는 때 밤
겨울잠 애벌레

▫ 크기가 매우 작다.

딱정벌레과 둥글먼지벌레아과

크기 4mm 안팎
사는 곳 낮은 산
나타나는 때 5~8월
움직이는 때 밤
겨울잠 알려지지 않음

애둥글먼지벌레

크기가 작은 편이다. 몸은 둥근 형태로, 머리에서 배로 갈수록 넓어진다. 전체적으로 광택이 있는 검은색이나, 다리와 더듬이는 적갈색이다. 밤이 되면 활동하고, 죽은 곤충 등을 뜯어 먹는다.

◘ 럭비공처럼 생겼다.

우수리둥글먼지벌레

몸이 럭비공처럼 생겼고, 구릿빛이 도는 검은색에 광택이 난다. 남쪽 지방에서는 날씨가 좋으면 2~3월에도 등산로 주변에서 볼 수 있다. 다른 먼지벌레와 달리 낮에도 활동하는 편이라 눈에 잘 띈다.

딱정벌레과
둥글먼지벌레아과

크기 7.5~8mm
사는 곳 산, 평지
나타나는 때 3~6월
움직이는 때 밤
겨울잠 어른벌레

▫ 밤에 등산로에서 돌아다닌다.

쌍무늬먼지벌레

**딱정벌레과
무늬먼지벌레아과**

크기 14mm 안팎
사는 곳 낮은 산, 들판
나타나는 때 4~9월
움직이는 때 밤
겨울잠 어른벌레

머리와 가슴은 금속성 있는 구릿빛이고, 보는 각도에 따라 녹색이 나기도 한다. 딱지날개는 황색 털로 덮였으며, 노란 무늬가 양쪽에 한 개씩 비교적 대칭을 이룬다. 어른벌레는 밤에 풀밭이나 산길에 나와 죽은 곤충을 먹는다.

◘ 낮에 활동하기도 한다.

민무늬먼지벌레

머리와 가슴은 금속성 있는 녹색이며, 딱지날개는 검은색에 가까우나 황갈색 잔털이 덮였다. 낮에는 주로 돌이나 낙엽 밑에 숨지만, 간혹 돌아다니기도 한다. 이른 봄부터 볼 수 있으며, 밝혀 죽은 지렁이나 곤충을 먹는다.

딱정벌레과
무늬먼지벌레아과

크기 11~12mm
사는 곳 산, 평지
나타나는 때 4~9월
움직이는 때 밤
겨울잠 알려지지 않음

◘ 가로등 불빛 아래 날아온 곤충을 잡아먹으러 돌아다닌다.

끝무늬먼지벌레

**딱정벌레과
무늬먼지벌레아과**

크기 12.5~14mm
사는 곳 평지, 낮은 산
나타나는 때 5~8월
움직이는 때 밤
겨울잠 알려지지 않음

가슴이 넓고 딱지날개 끝이 뾰족하다. 머리와 가슴은 금속성 있는 구릿빛이나 녹색이다. 딱지날개 끝 부분에는 중간이 끊어진 듯한 하트 무늬가 있다. 낮은 산이나 평지에서 흔히 볼 수 있으며, 밤이 되면 활발히 움직인다.

▫ 죽은 풍뎅이를 먹는 모습.

노랑무늬먼지벌레

머리와 가슴은 광택이 나는 붉은색이다. 딱지날개에는 크고 노란 점이 한 쌍 있고, 황갈색 잔털로 덮였다. 쌍무늬먼지벌레나 끝무늬먼지벌레와 생태나 생김새가 비슷하고, 같은 곳에서 관찰된다.

딱정벌레과
무늬먼지벌레아과

크기 12~13mm
사는 곳 평지, 낮은 산
나타나는 때 5~8월
움직이는 때 밤
겨울잠 알려지지 않음

◘ 낮에는 땅 속에 숨어 지내서 딱지날개에 흙이 묻었다.

**딱정벌레과
무늬먼지벌레아과**

크기 10mm 안팎
사는 곳 산, 평지
나타나는 때 5~8월
움직이는 때 밤
겨울잠 어른벌레

멋무늬먼지벌레

크기가 작은 편에 속하는 먼지벌레 종류다. 머리와 딱지날개는 검은색이고, 가슴과 다리는 주황색이다. 딱지날개 양쪽에 끝까지 이어지지 않는 주황색 줄이 있고, 끝 부분에는 주황색 점이 있다.

◘ 머리와 가슴은 광택이 강하다.

줄먼지벌레

먼지벌레 중 큰 편에 속한다. 머리와 가슴은 광택이 강한 자줏빛이나 녹색을 띠고, 딱지날개는 광택이 없는 검은색이다. 다리는 노랗고, 딱지날개에 굵은 홈이 여러 개 파여 다른 종과 구별된다. 전국 어디에서나 흔히 볼 수 있으며, 밤에 다른 곤충을 잡아먹는다.

딱정벌레과
무늬먼지벌레아과

크기 23mm 안팎
사는 곳 낮은 산, 평지
나타나는 때 5~10월
움직이는 때 밤
겨울잠 어른벌레

ㅁ 테니스장 불빛에 날아왔다.

모래사장먼지벌레

**딱정벌레과
모래사장먼지벌레아과**

크기 20.5~26mm
사는 곳 평지
나타나는 때 5~8월
움직이는 때 밤
겨울잠 알려지지 않음

몸 전체가 검은색이다. 배가 넓은 편이며, 딱지날개에 굵은 세로줄이 있다. 먼지벌레 가운데 큰 편이며, 밤에 가로등 불빛에 날아온 곤충들을 잡아먹는다.

◘ 가로등 근처에서 자주 보인다.

큰털보먼지벌레

몸이 납작하고 배가 넓적하다. 몸 전체가 검은색이며, 딱지날개에 노란 무늬가 네 개 있다. 전국에 있는 산에서 보이나 개체 수가 적고, 남쪽 지방으로 갈수록 개체 수가 많다. 밤에 활동하며, 불빛에 날아온 다른 곤충을 잡아먹는다.

딱정벌레과
네눈박이먼지벌레아과

크기 17~19mm
사는 곳 산, 평지
나타나는 때 5~8월
움직이는 때 밤
겨울잠 어른벌레

◘ 딱지날개에 점이 뚜렷하다.

두점박이먼지벌레

**딱정벌레과
십자무늬먼지벌레아과**

크기 12~13mm
사는 곳 낮은 산
나타나는 때 5~10월
움직이는 때 밤
겨울잠 알려지지 않음

몸이 납작하고 길쭉하며, 가슴 아래쪽이 잘록하다. 전체적으로 광택이 없는 검은색이나, 더듬이와 다리는 황갈색이다. 딱지날개에 노란 점이 두 개 있다. 가을까지 활동하고, 밤에 돌아다니며 죽은 곤충을 먹는다.

◫ 풀잎에 앉아 쉰다.

노랑가슴먼지벌레

몸이 납작한 편이다. 머리와 가슴은 청록색이고, 가슴과 다리는 주황색을 띤다. 낮은 산이나 시골의 논밭 주변에서 많이 보인다. 낮에는 돌 밑에 숨었다가 밤이 되면 활동한다. 어른벌레는 불빛에도 날아온다.

딱정벌레과
십자무늬먼지벌레아과

크기 6.5~8mm
사는 곳 밭, 낮은 산
나타나는 때 3~6월
움직이는 때 밤
겨울잠 어른벌레

■ 딱지날개에 흰 점이 뚜렷하다.

**딱정벌레과
십자무늬먼지벌레아과**

크기 10~13mm
사는 곳 산, 평지
나타나는 때 4~10월
움직이는 때 밤
겨울잠 어른벌레

팔점박이먼지벌레

몸이 넓적하고 배가 납작하다. 몸 전체가 광택이 나는 적갈색이고, 딱지날개에는 대칭을 이루는 흰 점이 여덟 개 있다. 다른 먼지벌레와 달리 나무 위에서 주로 활동한다. 낮에는 나뭇잎이 겹쳐진 사이에 숨었다가 밤이 되면 나뭇잎 위를 돌아다니며 나비나 나방 등의 애벌레를 먹는다.

◘ 길가에서 먹이를 찾아 돌아다닌다.

목가는먼지벌레

몸이 길쭉하며, 다리가 매우 길다. 머리는 빨간색이고, 가슴과 딱지날개는 흑남색이다. 개체에 따라 가슴에 빨간 무늬가 있다. 다리는 주황색이고, 넓적다리마디 끝 부분부터 흑남색이다. 남쪽 지방에서 많이 보이며, 밤에 활동한다.

딱정벌레과
십자무늬먼지벌레아과

크기 20~34mm
사는 곳 낮은 산
나타나는 때 4~9월
움직이는 때 밤
겨울잠 어른벌레

■ 낙엽 사이에 숨어 쉰다.

꼬마목가는먼지벌레

**딱정벌레과
폭탄먼지벌레아과**

크기 12~17mm
사는 곳 산, 평지
나타나는 때 6~10월
움직이는 때 밤
겨울잠 애벌레, 어른벌레

머리가 작고 배는 뚱뚱하며, 가슴과 배 사이가 잘록하다. 몸에 비해 다리가 긴 편이다. 딱지날개를 제외하고 전체가 주황색이며, 딱지날개는 황갈색 잔털로 덮였다. 가로등 불빛에 날아온 곤충을 잡아먹는다.

▫ 불빛 근처에 왔다. 뒤에 우단풍뎅이류도 보인다.

큰목가는먼지벌레

머리와 가슴은 주황색이고, 딱지날개는 남색이며 굵은 줄이 있다. 낮은 산이나 물가 주변에서 볼 수 있으며, 밤에 나와 죽은 생물을 뜯어 먹는다. 폭탄먼지벌레 종류라 만지면 소리를 내며 가스를 뿜는다.

딱정벌레과 폭탄먼지벌레아과

크기 12mm 안팎
사는 곳 산, 평지
나타나는 때 4~8월
움직이는 때 밤
겨울잠 어른벌레

▫ 딱지날개의 번개 모양 무늬가 선명하다.

남방폭탄먼지벌레

**딱정벌레과
폭탄먼지벌레아과**

크기 17~20mm
사는 곳 산, 평지
나타나는 때 5~9월
움직이는 때 밤
겨울잠 어른벌레

폭탄먼지벌레와 크기, 생김새, 생태가 거의 비슷하나, 딱지날개에 있는 주황색 무늬가 번개 모양이다. 두 종은 같은 때 같은 곳에서 함께 활동하지만, 남쪽으로 갈수록 남방폭탄먼지벌레가 많이 보이는 듯하다.

◘ 배수로에 빠졌다.(위)
◘ 폭탄먼지벌레를 만진 손.(아래)

폭탄먼지벌레

머리와 가슴은 갈색에 검은 무늬가 있고, 딱지날개는 검은색에 대칭을 이루는 갈색 무늬가 있다. 밤에 주로 활동하며, 위협을 느끼면 '퍽' 소리와 함께 뜨거운 가스와 액체를 내뿜는다. 이 액체가 닿으면 살갗이 새까맣게 변하는데, 시간이 지나면 껍질이 벗겨지면서 원래 색이 돌아온다.

딱정벌레과
폭탄먼지벌레아과

크기 11~18mm
사는 곳 산, 평지
나타나는 때 5~9월
움직이는 때 밤
겨울잠 어른벌레

▫ 논에서도 쉽게 볼 수 있다.

북방물땡땡이

물땡땡이과
물땡땡이아과

크기 18mm 안팎
사는 곳 웅덩이, 논
나타나는 때 4~11월
움직이는 때 낮
겨울잠 애벌레, 어른벌레

몸 전체가 광택이 나는 검은색이다. 웅덩이나 농약을 치지 않은 논에서 볼 수 있고, 개체 수가 매우 많다. 어른벌레는 물 속에서 물풀을 뜯어 먹으며, 불빛에 잘 날아온다.

▫ 몸이 타원형이라 빠르게 헤엄친다.

물땡땡이

물방개보다 길쭉한 타원형이며, 광택이 강한 검은색이다. 애벌레는 물 속에서 물고기나 작은 곤충을 잡아먹고, 어른벌레는 주로 수초를 뜯어 먹으며 이따금 육식도 한다. 어른벌레는 불빛에 잘 날아온다.

물땡땡이과 물땡땡이아과

크기 32~40mm
사는 곳 웅덩이, 저수지
나타나는 때 4~11월
움직이는 때 낮
겨울잠 애벌레, 어른벌레

■ 소똥 아래에서 볼 수 있다.

풍뎅이붙이

**풍뎅이붙이과
풍뎅이붙이아과**

크기 6~12mm
사는 곳 평지, 풀밭
나타나는 때 3~11월
움직이는 때 낮, 밤
겨울잠 어른벌레

둥글넓적하게 생겼으며, 온몸이 검고 광택이 매우 강하다. 뾰족한 턱이 튀어나왔다. 동물의 사체나 배설물에 날아와 그 속에 생긴 구더기를 먹는다. 풍뎅이붙이 종류는 생김새나 생태가 비슷하여 구별하기 어렵다. 나무에서 활동하는 종도 있다.

다양한 풍뎅이붙이아과

무늬줄풍뎅이붙이. 소똥 아래에서 볼 수 있다.

긴풍뎅이붙이는 죽은 소나무 껍질 아래 많다.

아무르납작풍뎅이붙이. 죽은 나무에 돌아다닌다.

■ 삵의 마른 배설물 아래에서 발견했다.

곰보송장벌레

**송장벌레과
송장벌레아과**

크기 11mm 안팎
사는 곳 산, 평지
나타나는 때 4~11월
움직이는 때 밤
겨울잠 어른벌레

몸 전체가 검은색이며, 보는 각도에 따라 푸른빛이 난다. 가슴과 딱지날개가 곰보 자국처럼 울퉁불퉁하다. 어른벌레는 주로 마른 사체를 먹으며, 동물의 마른 배설물 밑에서도 종종 관찰된다.

◘ 낮에 날아다니다 땅에 떨어졌다.

네눈박이송장벌레

딱지날개에 점이 네 개 있어 붙은 이름이다. 몸이 검고, 딱지날개는 연한 갈색이며, 가슴과 딱지날개에 검은 무늬가 있다. 가슴은 약간 투명하여 앞다리가 비친다. 다른 송장벌레와 달리 낮에 활동하는데, 나무 위를 다니며 나방이나 나비 애벌레를 잡아먹는다.

송장벌레과
송장벌레아과

크기 10~15mm
사는 곳 평지
나타나는 때 5~7월
움직이는 때 낮
겨울잠 어른벌레

◘ 낮에도 잘 돌아다닌다.(위)
◘ 애벌레(아래)

송장벌레과
송장벌레아과

크기 17~23mm
사는 곳 산, 평지
나타나는 때 5~8월
움직이는 때 밤
겨울잠 어른벌레

큰넓적송장벌레

몸 전체가 검은색에 가까우나, 가슴엔 푸른빛이 돈다. 어른벌레는 낮에도 그늘진 곳에서 돌아다니며 죽은 지렁이 등을 먹는다. 애벌레가 동물의 사체를 찾아 땅 위를 돌아다니는 모습도 자주 보인다. 개체 수가 아주 많은 송장벌레 종류다.

◘ 썩은 돼지 머리뼈에서 발견했다.

대모송장벌레

가슴은 광택이 나는 주황색이고, 머리와 딱지날개는 검은색에 가깝다. 딱지날개 테두리 쪽에 평평한 부분이 있다. 어른벌레는 주로 밤에 활동하지만, 이따금 낮에도 어두운 곳을 다니며 동물의 사체에 모인다.

송장벌레과 송장벌레아과

크기 18~22mm
사는 곳 산, 평지
나타나는 때 6~9월
움직이는 때 밤
겨울잠 어른벌레

■ 왼쪽이 수중다리송장벌레. 더듬이 끝을 보면 구별할 수 있다.

수중다리송장벌레

생김새나 생태가 큰수중다리송장벌레와 거의 비슷하나, 크기가 작은 편이다. 큰수중다리송장벌레는 더듬이 끝이 붉지만, 수중다리송장벌레는 더듬이 전체가 검은색이다.

**송장벌레과
송장벌레아과**

크기 15~20mm
사는 곳 산, 평지
나타나는 때 6~8월
움직이는 때 밤
겨울잠 어른벌레

◘ 더듬이 끝이 붉다.

큰수중다리송장벌레

몸은 검은색에 가까운 남색이다. 수컷은 뒷다리의 넓적다리마디가 아주 굵고, 종아리마디는 안쪽으로 휘어 암컷과 구별된다. 어른벌레는 동물의 사체에 모이며, 그 속에 알을 낳는다. 불빛에도 날아온다.

송장벌레과
송장벌레아과

크기 15~23mm
사는 곳 산, 평지
나타나는 때 6~8월
움직이는 때 밤
겨울잠 어른벌레

■ 검정송장벌레 몸에는 항상 진드기가 붙어 다닌다.

검정송장벌레

송장벌레과
곤봉송장벌레아과

크기 25~40mm
사는 곳 산
나타나는 때 5~9월
움직이는 때 밤
겨울잠 어른벌레

이름처럼 온몸이 검고, 가슴에 광택이 난다. 딱지날개는 엉덩이 쪽으로 내려갈수록 넓어지고, 옆에서 보면 약간 굴곡이 있다. 뒷다리는 길고 안쪽으로 굽었다. 어른벌레는 동물의 사체를 땅에 묻어 놓고 먹기도 하고, 그 속에 알을 낳는다. 불빛에 날아오고, 건드리면 입에서 하얀 거품을 내며 악취를 풍긴다.

◰ 동물의 사체를 먹는다.

넉점박이송장벌레

몸 전체가 검은색이고, 딱지날개에 주황색 무늬가 있다. 어른벌레는 봄부터 활동하며, 동물의 사체를 먹고 이따금 배설물에도 보인다. 위협을 느끼면 죽은 척하다 재빨리 몸을 숨긴다. 불빛에도 잘 날아온다.

송장벌레과
곤봉송장벌레아과

크기 15mm 안팎
사는 곳 산, 평지
나타나는 때 4~9월
움직이는 때 밤
겨울잠 어른벌레

◰ 쓰레기 더미에서 발견했다.

이마무늬송장벌레

몸은 검은색이다. 딱지날개에 적갈색 무늬가 있으며, 머리에도 작은 적갈색 점이 있다. 어른벌레는 산에 있는 동물의 사체나 쓰레기 더미에 날아오고, 불빛에도 날아온다.

송장벌레과
곤봉송장벌레아과

- **크기** 18mm 안팎
- **사는 곳** 산
- **나타나는 때** 4~9월
- **움직이는 때** 밤
- **겨울잠** 어른벌레

■ 배 끝이 뾰족하다.

밑빠진버섯벌레

몸 전체가 광택이 나는 검은색이며, 딱지날개에는 대칭을 이룬 적갈색 무늬가 있다. 배 끝이 뾰족하다. 썩은 나무 사이나 버섯 주변에서 주로 활동하며, 균류를 먹는다.

**반날개과
밑빠진버섯벌레아과**

크기 5~6mm
사는 곳 산
나타나는 때 4~10월
움직이는 때 밤
겨울잠 어른벌레

▫ 썩은 참나무류를 부수다가 발견했다.

투구반날개

**반날개과
투구반날개아과**

크기 7~8mm
사는 곳 산
나타나는 때 3~10월
움직이는 때 낮, 밤
겨울잠 어른벌레

온몸이 검은색이고, 머리와 가슴, 딱지날개에 굵은 점으로 된 줄이 있다. 다른 반날개와 달리 주로 썩은 활엽수 껍질 아래에서 볼 수 있고, 겨울에 썩은 참나무류를 부수면 그 속에서 어른벌레가 발견되기도 한다.

❏ 오래된 퇴비 아래에서 발견했다.

왕반날개

반날개 종류 가운데 큰 편이다. 다른 딱정벌레와 달리 딱지날개가 짧아 배 부분을 반밖에 덮지 못한다. 딱지날개와 배에는 회백색 털이 있다. 동물의 배설물에 모인 곤충을 잡아먹는다.

**반날개과
반날개아과**

크기 15mm 안팎
사는 곳 평지
나타나는 때 5~8월
움직이는 때 낮
겨울잠 알려지지 않음

◘ 너구리 배설물에 날아왔다.

홍딱지반날개

반날개과 반날개아과

크기 15~19mm
사는 곳 평지, 낮은 산
나타나는 때 5~9월
움직이는 때 낮
겨울잠 알려지지 않음

머리와 가슴은 검은색이고, 황갈색 털로 덮였다. 딱지날개와 배 끝 마디는 황갈색이다. 어른벌레는 낮에 활발히 활동하고, 동물의 사체나 배설물에 모인다.

◻ 불빛에 날아왔다.

검은반날개

온몸이 흑갈색이며, 황갈색 잔털로 덮였다. 들판이나 낮은 산에서 주로 볼 수 있다. 동물의 사체에 모이고, 불빛에도 날아든다.

**반날개과
반날개아과**

크기 15~19mm
사는 곳 평지
나타나는 때 6~8월
움직이는 때 밤
겨울잠 알려지지 않음

■ 강원도 높은 산에서 특히 많이 보인다.

한국반날개

반날개과 반날개아과

크기 25mm 안팎
사는 곳 산
나타나는 때 5~9월
움직이는 때 밤
겨울잠 알려지지 않음

온몸이 검은색이며, 잔털로 덮였다. 머리가 크고 둥글다. 낮에는 보통 쓰러진 나무나 돌 밑에 숨었다가 밤에 활동한다. 포도주를 이용해 함정 채집을 하면 많이 잡힌다.

□ 산 속 풀잎 위에서 쉰다.(위)
□ 청딱지개미반날개는 곳체개미반날개와 배 부분이 다르다.(아래)

곳체개미반날개

얼핏 보면 개미처럼 생겼다. 가슴과 배가 빨갛고, 머리와 조그만 딱지날개는 광택이 나는 청록색이다. 낮에 산 속의 풀잎 위를 돌아다니는 모습이 자주 관찰된다. 청딱지개미반날개와 비슷한데, 곳체개미반날개 배에 있는 청록색 무늬로 구별한다.

반날개과
개미반날개아과

크기 11mm 안팎
사는 곳 산
나타나는 때 5~8월
움직이는 때 낮
겨울잠 알려지지 않음

□ 눈 속에 파묻힌 썩은 나뭇가지 속에서 겨울잠을 자던 수컷을 발견했다.(위)
□ 암컷은 금록색이다.(아래)

사슴벌레과
애보라사슴벌레아과

크기 암 8.5~11mm
　　　수 8.6~11mm
사는 곳 산
나타나는 때 4~6월
움직이는 때 낮
겨울잠 애벌레, 어른벌레

원표애보라사슴벌레

높은 산에 주로 산다. 수컷은 광택 있는 청록색이고, 암컷은 금록색이다. 봄이면 참나무류 새순에 잘 모이며, 어른벌레로 활동하는 기간이 매우 짧다. 손가락 굵기의 활엽수 가지에 구멍을 내고 그 속에 알을 낳는다. 애벌레 기간은 2년 정도다.

▫ 썩은 팽나무 속에서 발견된다.(위)
▫ 썩은 팽나무 속의 애벌레(아래)

길쭉꼬마사슴벌레

제주도의 죽은 팽나무에서 주로 관찰할 수 있다. 손가락 굵기의 가는 가지부터 굵은 부분까지 다양하게 발견된다. 어른벌레는 나무 속을 파고 다니며 다른 곤충의 애벌레를 잡아먹는다. 일생을 거의 나무 속에서 생활한다.

사슴벌레과
꼬마사슴벌레아과

크기 9~12.1mm
사는 곳 남해안의 섬
나타나는 때 6~8월
움직이는 때 밤
겨울잠 애벌레, 어른벌레

▫ 두꺼운 턱을 치켜든 수컷(위)
▫ 나무껍질 아래 있는 암컷(아래)

사슴벌레과
꼬마사슴벌레아과

크기 9~16mm
사는 곳 남해안의 섬
나타나는 때 5~7월
(관찰 필요)
움직이는 때 밤
겨울잠 어른벌레

큰꼬마사슴벌레

길쭉꼬마사슴벌레와 비슷하나 몸이 좀 크고, 광택도 훨씬 강하다. 또 턱의 생김새와 두께가 다르다. 겨울에 어른벌레만 관찰되는 것으로 보아 봄부터 활동하여 알을 낳고, 알에서 깬 애벌레들이 가을에 어른벌레가 되어 겨울잠을 자는 것으로 추측된다.

- 턱에 위로 휘어져 솟은 뿔이 있다.(위)
- 애벌레(왼쪽)
- 썩은 팽나무 속의 번데기.(오른쪽)

제주뿔꼬마사슴벌레

제주도의 썩은 팽나무 속에서 주로 발견된다. 턱에 조그만 뿔이 있다. 거의 나무 속에서만 활동하며 다른 애벌레를 잡아먹는다. 길쭉한 구멍 안에서 여러 마리가 모여 겨울잠을 잔다.

사슴벌레과
꼬마사슴벌레아과

크기 14~16.3mm
사는 곳 남해안의 섬
나타나는 때 6~8월
움직이는 때 밤
겨울잠 어른벌레

▫ 수컷은 턱 모양이 사슴 뿔 같다.(위)
▫ 짝짓기(아래)

사슴벌레

온몸이 갈색 털로 덮였다. 수컷은 몸집이 큰 개체일수록 머리의 돌기가 넓게 발달한다. 사나운 편이고, 수명이 짧다. 높고 큰 산에 주로 살며, 불빛에 잘 날아온다. 애벌레나 어른벌레로 겨울잠을 자고, 번데기 방은 땅에 만든다.

**사슴벌레과
사슴벌레아과**

크기 암 23~39mm
　　　수 43~68mm
사는 곳 산
나타나는 때 6~9월
움직이는 때 밤
겨울잠 애벌레, 어른벌레

▫ 수컷은 건드리면 몸을 치켜들고 위협 행동을 한다.

다우리아사슴벌레

몸은 광택이 강한 적갈색이며, 수컷의 턱은 위로 솟았다. 비교적 늦게 활동을 시작하는 사슴벌레로, 한여름이 되어야 볼 수 있다. 먹이 활동을 하는 모습은 보기 어렵고, 주로 불빛 주변에 있거나 땅에 떨어진 모습이 관찰된다.

사슴벌레과 왕사슴벌레아과

크기 20~38mm
사는 곳 산
나타나는 때 7~9월
움직이는 때 밤
겨울잠 애벌레

ㅁ 나무 진에서 다른 곤충과 만나면 큰 턱을 이용해서 싸운다.(위)
ㅁ 나무 진을 먹는 암컷.(아래)

사슴벌레과
왕사슴벌레아과

크기 암 25~35mm
　　　 수 33~70mm
사는 곳 평지, 낮은 산
나타나는 때 6~9월
움직이는 때 밤
겨울잠 애벌레, 어른벌레

톱사슴벌레

몸빛은 광택이 적은 적갈색과 흑갈색 두 가지가 있다. 수컷의 턱은 아래로 굽었는데, 크기가 작은 개체는 거의 굽지 않고 턱이 매우 작다. 몸에 비해 다리가 길고, 암컷은 몸이 둥근 편이다. 땅에 번데기 방을 만든다.

- 참나무류 진이 흐르는 곳에서 만나 짝짓기를 한다.(위)
- 가슴 양쪽에 검은 점이 있다.(아래)

두점박이사슴벌레

가슴 양쪽에 검은 점이 있어서 붙은 이름이다. 제주도에만 사는 종으로, 몸은 밝은 갈색이다. 몸집이 큰 개체일수록 가슴부터 턱까지 붉은빛이 강하다. 한여름 밤에 참나무류 진에 모이고, 애벌레로 겨울잠을 잔다. 애벌레는 주로 물기가 많은 나무 뿌리에서 발견된다. 환경부 보호종 1급으로 지정되어 있다.

사슴벌레과
왕사슴벌레아과

크기 암 24.2~31mm
　　　수 26.2~66.7mm
사는 곳 평지, 낮은 산
나타나는 때 7~8월
움직이는 때 밤
겨울잠 애벌레

- 나무 속에서 겨울잠을 자던 수컷(위)
- 이름처럼 넓적다리가 붉다.(아래)

홍다리사슴벌레

뒤집어 보면 넓적다리마디와 배가 붉은색이라 붙은 이름이다. 수컷은 턱 앞쪽에 안으로 향한 큰 이빨이 있고, 몸집이 큰 개체일수록 잔 이빨이 두드러지게 발달한다. 온순한 편이며, 불빛에 잘 날아온다.

**사슴벌레과
왕사슴벌레아과**

- **크기** 암 24.9~38mm
  수 3.4~58.5mm
- **사는 곳** 산
- **나타나는 때** 6~9월
- **움직이는 때** 밤
- **겨울잠** 애벌레, 어른벌레

- 밤이 되면 참나무류의 진을 찾아다닌다.(위)
- 암컷은 등에 작은 점으로 된 줄이 많다.(아래)

애사슴벌레

전국 어디에서나 흔히 볼 수 있는 사슴벌레다. 몸빛은 광택이 강하지 않은 검은색이다. 수컷은 큰 턱이 얇고 가운데에 이빨이 있으며, 암컷은 딱지날개에 작은 점이 세로로 나란하다. 여러 종류의 활엽수에 알을 낳는데, 크기가 작아서 겨울에 가는 나뭇가지 속에서도 발견된다.

사슴벌레과
왕사슴벌레아과

크기 암 21.6~30.5mm
수 22~53.5mm
사는 곳 평지, 낮은 산
나타나는 때 5~9월
움직이는 때 밤
겨울잠 애벌레, 어른벌레

▫ 나무 색과 비슷하다. 털보왕사슴벌레보다 딱지날개에 털이 적다.

엷은털왕사슴벌레

**사슴벌레과
왕사슴벌레아과**

크기 암 15~19.2mm
　　　수 17.1~22.8mm
사는 곳 산
나타나는 때 5~8월
움직이는 때 밤
겨울잠 애벌레, 어른벌레

털보왕사슴벌레와 매우 비슷하나 몸빛이 더 어둡고 털이 훨씬 적으며, 턱 사이에 있는 입술덮개의 모양도 다르다. 고목에서 주로 발견되지만, 지금까지 채집된 개체가 적고 아직 연구가 덜 된 종이다.

□ 썩은 나무 속에서 겨울잠을 자는 수컷(위)
□ 썩은 서어나무 속에서 발견된 암컷(아래)

털보왕사슴벌레

몸 전체가 갈색이고, 비스듬히 보면 온몸이 털로 덮였다. 활동적이지 않고 어두운 구멍 속을 좋아하여 야생에서 보기 어렵다. 겨울에 썩은 나무 속에서 애벌레와 어른벌레가 함께 발견된다. 여름에는 불빛에 날아온다. 최근에 우리 나라 신종으로 발표되었다.

사슴벌레과
왕사슴벌레아과

크기 암 16.7~22.1mm
　　　수 14.1~26.2mm
사는 곳 산
나타나는 때 5~8월
움직이는 때 밤
겨울잠 애벌레, 어른벌레

- 참나무류 진을 좋아한다.(위)
- 썩은 나무 속에서 겨울을 나는 암컷. 엉덩이 쪽에 얼음이 붙었다.(왼쪽)
- 수컷 번데기.(오른쪽)

왕사슴벌레

**사슴벌레과
왕사슴벌레아과**

크기 암 26~44mm
　　　수 25~70.5mm
사는 곳 평지, 낮은 산
나타나는 때 5~8월
움직이는 때 밤
겨울잠 애벌레, 어른벌레

시골 마을 근처에서 볼 수 있는 사슴벌레다. 수컷은 광택이 강하지 않은 검은색이고, 몸의 크기에 따라 턱 모양이 다르다. 암컷은 광택이 강하고, 딱지날개에 점으로 된 세로줄이 있어 다른 사슴벌레 암컷과 구별된다. 암수 모두 밤에 참나무류 진에 모이고, 비교적 건조한 나무에 알을 낳는다.

- 밤이 되어야 활발히 움직인다.(위)
- 참나무하늘소가 상처 낸 나무에 머리를 박고 진을 먹는 암컷(아래)

참넓적사슴벌레

넓적사슴벌레는 턱이 곧은데, 참넓적사슴벌레는 턱 바깥쪽이 둥근 편이다. 앞다리마디가 안쪽으로 굽었으며, 몸의 광택이 강하다. 크기는 넓적사슴벌레보다 작은 편이다.

사슴벌레과 왕사슴벌레아과

크기 암 20~33mm
　　　수 23~59.8mm
사는 곳 평지, 낮은 산
나타나는 때 5~9월
움직이는 때 밤
겨울잠 애벌레

ㅁ 나무 진을 먹다가 다른 수컷들이 오면 쫓아 낸다.(위)
ㅁ 암컷(아래)

넓적사슴벌레

**사슴벌레과
왕사슴벌레아과**

크기 암 28.6~43.5mm
　　　수 26~84mm
사는 곳 평지, 산
나타나는 때 5~9월
움직이는 때 밤
겨울잠 애벌레, 어른벌레

우리 나라에서 가장 크고 흔한 사슴벌레다. 30mm도 안 되는 것부터 80mm가 넘는 것까지 크기가 다양하며, 작은 개체일수록 광택이 강하다. 적응력이 강해 전국 어디에서나 쉽게 만날 수 있고, 개체 수도 많다. 썩은 활엽수에서 애벌레와 어른벌레로 겨울잠을 잔다.

▫ 번데기 방에서 어른벌레가 된 수컷(위)
▫ 참나무류 진에 날아온 암컷(왼쪽)
▫ 애벌레는 엉덩이 부분이 유난히 크다.(오른쪽)

꼬마넓적사슴벌레

섬에서 발견된다. 우리 나라 사슴벌레 중 유일하게 애벌레 시기에 썩은 소나무를 먹으나, 썩은 활엽수에서 보이기도 한다. 나무 속에 번데기 방을 만드는 다른 사슴벌레와 달리 썩은 소나무 톱밥으로 만든 경단 속에 번데기 방을 만든다. 딱지날개에 굵은 줄이 있으며, 어른벌레는 참나무류 진에 모인다.

사슴벌레과
왕사슴벌레아과

크기 암 14~27mm
　　　수 13.3~33mm
사는 곳 남해안의 섬
나타나는 때 7~8월
움직이는 때 밤
겨울잠 애벌레, 어른벌레

◘ 잡으면 '끼익-끼익-' 소리를 낸다.

사슴벌레붙이

사슴벌레붙이과
사슴벌레붙이아과

크기 18.7~23mm
사는 곳 활엽수림
나타나는 때 6~8월
움직이는 때 낮
겨울잠 어른벌레

검고 납작한 몸에 광택이 난다. 딱지날개에 점으로 된 굵은 세로줄이 있어 줄무늬처럼 보이며, 몸에 비해 다리가 짧다. 어른벌레는 썩은 참나무류에 날아와 알을 낳으며, 지금까지 경기도 광릉에서만 발견되었다.

- 다양한 똥을 먹고 산다.(위)
- 앞다리로 똥을 잡고 뒷걸음질치며 옮긴다.(가운데)
- 집에서 얼굴만 내밀고 있다.(왼쪽)
- 신선한 똥을 찾아 날아다닌다.(오른쪽)

보라금풍뎅이

검은색에 가까운 개체부터 녹색, 청색, 보라색까지 변이가 심하며, 광택이 강하고 화려하다. 낮에 동물의 똥을 찾아 날아다니며 똥 바로 아래나 주위에 굴을 파고, 똥을 굴 속으로 옮긴 다음 그 속에 알을 낳는다. 기온이 높고 해가 쨍쨍한 날이면 등산로나 풀밭 주변에 많이 날아다닌다.

금풍뎅이과
금풍뎅이아과

크기 16~22mm
사는 곳 산, 풀밭
나타나는 때 3~11월
움직이는 때 낮
겨울잠 어른벌레

◘ 밤에 불빛 아래에서 만나는 경우가 많다.

참금풍뎅이

광택이 매우 강한 적갈색 몸이 옆에서 보면 반구형이다. 딱지날개에는 세로로 홈이 파였고, 배 쪽에는 털이 많다. 전국의 산이나 풀밭 등 다양한 곳에서 보이며, 어른벌레는 불빛에 날아든다.

금풍뎅이과
금풍뎅이아과

크기 9~13.5mm
사는 곳 산, 평지
나타나는 때 6~8월
움직이는 때 밤
겨울잠 어른벌레

◘ 땅바닥에 앉아 쉰다.

극동붙이금풍뎅이

몸빛이 주황색이며, 머리와 가슴에는 검고 굵은 무늬가 있다. 온몸에 황갈색 털이 빽빽해 빛이 비추는 각도에 따라 벨벳처럼 반짝거린다. 어른벌레는 해질녘 풀숲에서 낮게 날아다닌다.

붙이금풍뎅이과
붙이금풍뎅이아과

크기 7~10mm
사는 곳 산, 평지
나타나는 때 5~8월
움직이는 때 밤
겨울잠 어른벌레

- 신선한 똥을 좋아한다.(위)
- 똥을 뒤집으면 재빨리 구멍 속으로 숨는다.(아래)

큰점박이똥풍뎅이

몸은 긴 타원형이고, 노란 딱지날개에 검은 점이 한 쌍 있다. 암수의 크기는 별 차이가 없으나, 수컷은 머리에 조그만 뿔이 있다. 낮은 풀밭에서 자주 보이며, 초식 동물의 신선한 똥을 찾아 날아다닌다.

**소똥구리과
똥풍뎅이아과**

크기 11~13mm
사는 곳 풀밭
나타나는 때 5~10월
움직이는 때 낮
겨울잠 어른벌레

■ 마르지 않은 똥에 날아온다.(위)
■ 긴다리소똥구리가 경단을 만드는 과정.(아래 왼쪽부터)

긴다리소똥구리

우리 나라의 똥을 굴리는 소똥구리 세 종 가운데 몸집이 가장 작다. 다른 소똥구리와 달리 육식 동물의 똥을 먹는다. 낮에 오래 되지 않은 똥을 찾아 날아다니며, 머리를 이용해 똥을 적당한 크기로 자른 다음 길게 발달한 뒷다리로 굴린다.

소똥구리과
소똥구리아과

크기 9~11mm
사는 곳 산, 풀밭
나타나는 때 4~9월
움직이는 때 낮
겨울잠 어른벌레

□ 뿔이 멋진 수컷.(위)
□ 암컷은 뿔이 없다.(아래)

뿔소똥구리

소똥구리과
소똥구리아과

크기 18~28mm
사는 곳 풀밭
나타나는 때 6~10월
움직이는 때 낮
겨울잠 어른벌레

몸이 두껍고 둥글다. 수컷은 머리와 가슴에 큰 뿔이 있다. 소나 말의 똥 밑에 굴을 파고 똥을 가져와 굴 속에서 경단을 만든다. 알은 경단 속에 한 개씩 낳고, 알에서 어른벌레가 되기까지 60일 정도밖에 걸리지 않는다. 불빛에도 잘 날아든다.

◻ 말똥 아래에서 발견한 수컷(위)
◻ 똥 아래에 있다가 몸이 노출되면 죽은 척하거나 재빨리 똥 속으로 파고든다.(아래)

애기뿔소똥구리

뿔소똥구리보다 크기가 작고 광택이 강하며, 점으로 된 줄이 뚜렷하다. 소나 말의 똥 밑에 여러 마리가 들어가 똥을 분해한다. 6월에 가장 활발하게 움직인다. 환경부 보호종 2급으로 지정되어 있다.

소똥구리과
소똥구리아과

크기 14~17mm
사는 곳 풀밭
나타나는 때 4~10월
움직이는 때 낮
겨울잠 어른벌레

▫ 뿔이 긴 수컷(위)
▫ 뿔이 없고 납작한 암컷(아래)

**소똥구리과
소똥구리아과**

크기 7~10mm
사는 곳 풀밭
나타나는 때 6~10월
움직이는 때 낮
겨울잠 어른벌레

창뿔소똥구리

몸이 납작하다. 수컷은 뿔이 뒤로 길게 뻗었으며, 암컷은 뿔이 없다. 크기가 작은 수컷은 뿔이 거의 안 보이는 개체도 있다. 6~7월에 가장 활발하게 움직이며, 똥 밑에 굴을 파 집을 짓고 똥을 분해한다.

◘ 갓 싼 소똥에서 발견했다.

소요산소똥풍뎅이

머리와 가슴이 검고, 딱지날개는 황갈색이며 검은 무늬가 있다. 수컷은 가슴 양쪽에 뾰족한 돌기가 있다. 어른벌레는 다양한 똥을 먹고, 그 아래 굴을 파고 산다. 다양한 똥풍뎅이는 모두 배설물을 분해하는 이로운 곤충이다.

소똥구리과
소똥구리아과

크기 7~11mm
사는 곳 산, 평지
나타나는 때 3~12월
움직이는 때 낮
겨울잠 어른벌레

다양한 똥풍뎅이들

모가슴소똥풍뎅이 수컷은 가슴 가운데가 솟았다. 개똥에서 발견했다.

렌지소똥풍뎅이는 가슴 양쪽에 돌기가 있다.

검정뿔소똥풍뎅이 수컷은 머리에 큰 U자 모양 뿔이 있다.

- 잎에 앉아 쉰다.(위)
- 가까이 다가가니 날아갈 자세를 취한다.(아래)

주황긴다리풍뎅이

몸빛이 황갈색을 띠고, 딱지날개 부분은 황토색 가루로 덮였다. 이 가루는 만지면 떨어진다. 이름처럼 뒷다리가 몸에 비해 긴 편이다. 어른벌레는 주로 꽃에 모여 꽃가루를 먹기도 하고, 풀 줄기에 앉은 모습이 눈에 띈다.

소똥구리과
검정풍뎅이아과

크기 7~10mm
사는 곳 낮은 산, 평지
나타나는 때 4~9월
움직이는 때 낮
겨울잠 애벌레, 어른벌레

☐ 찔레꽃에 날아와 꽃가루를 먹는다.

점박이긴다리풍뎅이

**소똥구리과
검정풍뎅이아과**

크기 7mm 안팎
사는 곳 낮은 산, 평지
나타나는 때 5~6월
움직이는 때 낮
겨울잠 애벌레

온몸이 반짝이는 노란색 가루로 덮였고, 뒷다리가 길며, 딱지날개에는 검은 점이 있다. 신나무, 층층나무, 찔레꽃 등 주로 흰 꽃에 날아와 꽃가루를 먹는다. 여러 마리가 함께 발견되는 경우가 많다.

◘ 땅바닥에 기어다니는 모습이 관찰된다.

참검정풍뎅이

몸이 길고 뚱뚱하며, 광택 있는 검은색이다. 딱지날개 가운데가 볼록 솟았다. 아주 흔한 종으로, 전국 어디에서나 볼 수 있다. 애벌레는 식물의 뿌리를 갉아먹는다고 알려졌고, 어른벌레는 불빛에 잘 날아온다.

소똥구리과
검정풍뎅이아과

크기 16~21mm
사는 곳 산, 평지
나타나는 때 3~10월
움직이는 때 밤
겨울잠 어른벌레

◘ 땅에 앉아 쉰다.

**소똥구리과
검정풍뎅이아과**

크기 17~21mm
사는 곳 산, 평지
나타나는 때 4~9월
움직이는 때 밤
겨울잠 어른벌레

큰검정풍뎅이

몸이 길고 뚱뚱하며, 갈색과 검은색 두 가지 종류가 있다. 온몸이 잔털로 덮였으며, 광택은 없다. 배의 앞쪽은 갈색 털이 빽빽하다. 어른벌레는 활엽수의 잎을, 애벌레는 식물의 뿌리를 갉아먹는다. 불빛에 잘 날아온다.

◘ 불빛 주변의 나무나 땅바닥에서 쉽게 볼 수 있다.

고려노랑풍뎅이

갈색 몸에 광택이 있으며, 머리는 검다. 가슴과 딱지날개에는 작은 점으로 된 줄이 불규칙하게 퍼져 있고, 배 쪽에는 털이 많다. 낮에는 보기 힘들고, 밤이 되면 불빛 주변에 날아든다.

소똥구리과
검정풍뎅이아과

크기 10~15mm
사는 곳 평지, 낮은 산
나타나는 때 4~10월
움직이는 때 밤
겨울잠 어른벌레

- 나뭇잎 사이에 앉아 쉰다.(위)
- 빨간 줄이 선명한 개체도 있다.(아래)

소똥구리과 검정풍뎅이아과

크기 6~8.5mm
사는 곳 낮은 산, 풀밭
나타나는 때 4~10월
움직이는 때 낮
겨울잠 어른벌레

줄우단풍뎅이

갈색 몸은 길쭉한 타원형이고, 전체가 잔털로 덮였다. 온몸이 갈색인 개체도 있고, 딱지날개에 세로줄 여러 개와 가슴에 검은 줄무늬가 두 개 있는 개체도 있다. 낮에 활엽수 잎에 앉은 모습이 자주 관찰된다.

- 수컷이 더듬이를 펼치고 기어다닌다.(위)
- 암컷은 더듬이가 짧다.(가운데)
- 짝짓기(왼쪽)
- 불빛을 보고 날아오르는 수컷(오른쪽)

수염풍뎅이

검정풍뎅이아과 중 가장 크다. 적갈색 몸에 흰 가루가 덮였고, 딱지날개에는 잔잔한 흰색 무늬가 있다. 수컷은 더듬이가 매우 길고, 암컷은 짧다. 수컷은 근처에 암컷이 있으면 일곱 겹으로 접힌 더듬이를 펴고 암컷을 찾아간다. 크기에 비해 가벼워 잘 날며, 불빛에 날아든다. 환경부 보호종 1급으로 지정되어 있다.

**소똥구리과
검정풍뎅이아과**

크기 33~37mm
사는 곳 물가 주변의 풀밭
나타나는 때 5~8월
움직이는 때 밤
겨울잠 애벌레

◪ 위협을 느끼면 더듬이를 머리 안으로 숨긴다.

**소똥구리과
검정풍뎅이아과**

크기 26~33mm
사는 곳 풀밭, 숲
나타나는 때 6~8월
움직이는 때 밤
겨울잠 애벌레

왕풍뎅이

몸에 황갈색 잔털이 빽빽해 벨벳처럼 보인다. 잔털이 빠지면 광택 나는 적갈색이 된다. 수컷은 더듬이가 크고 길며, 암컷은 작다. 어른벌레는 불에 잘 날아오고, 애벌레는 활엽수의 뿌리를 갉아먹는다고 알려졌다.

◘ 만지면 다리를 오므리고 굴러 떨어진다.

빨간색우단풍뎅이

몸이 동그란 알 모양이다. 보통 몸 전체가 적갈색이며, 개체마다 몸빛이 조금씩 다르다. 딱지날개에는 잔털이 빽빽해 벨벳처럼 보인다. 전국 어디에서나 볼 수 있으며, 불빛에 잘 날아든다.

소똥구리과
검정풍뎅이아과

크기 8~9.5mm
사는 곳 산, 평지
나타나는 때 5~10월
움직이는 때 밤
겨울잠 어른벌레

▫ 위협을 느끼면 죽은 척한다.

흑다색우단풍뎅이

**소똥구리과
검정풍뎅이아과**

- **크기** 8~10mm
- **사는 곳** 산
- **나타나는 때** 4~9월
- **움직이는 때** 밤
- **겨울잠** 어른벌레

타원형 몸이 배 쪽으로 갈수록 넓어지며, 광택이 강한 적갈색이다. 딱지날개에는 세로줄이 있다. 수컷은 암컷보다 더듬이가 길다. 위협을 느끼면 죽은 척하고, 불빛에 날아온다.

❏ 가로등 주변 풀밭에서 풀 줄기를 잡고 있다.

감자풍뎅이

몸이 짤막하고 뚱뚱하다. 전체에 작은 점이 줄지어 퍼져 있고, 광택이 강한 검은색 몸은 보는 각도에 따라 구릿빛이 나기도 한다. 낮은 산이나 들판 주변에서 주로 볼 수 있으며, 불빛에도 날아든다.

소똥구리과
검정풍뎅이아과

크기 9mm 안팎
사는 곳 풀밭, 낮은 산
나타나는 때 4~11월
움직이는 때 밤
겨울잠 어른벌레

□ 짝짓기

소똥구리과 풍뎅이아과

크기 9~14mm
사는 곳 평지
나타나는 때 5~9월
움직이는 때 낮
겨울잠 애벌레, 어른벌레

주둥무늬차색풍뎅이

납작한 타원형 몸은 적갈색이며, 짧은 황백색 털로 덮였다. 어른벌레는 주로 낮에 활동하며, 밤나무와 상수리나무 등 다양한 활엽수를 먹는다. 애벌레는 식물의 뿌리를 갉아먹는다.

◘ 몸에 털이 많다.

장수붙이풍뎅이

긴 타원형 몸이 넓적하고 뚱뚱하다. 광택이 강한 적갈색을 띠며, 털이 많다. 옆에서 보면 가슴 앞쪽이 약간 눌린 것 같고, 다른 종에 비해 작은방패판(곤충류의 곁에 있는 작은 방패 모양 판. 소순판)이 크다. 애벌레는 사슴벌레 애벌레처럼 썩은 활엽수를 파먹으며, 어른벌레는 불빛에 날아온다.

**소똥구리과
풍뎅이아과**

크기 11~14mm
사는 곳 산
나타나는 때 7~8월
움직이는 때 밤
겨울잠 애벌레

◘ 엉겅퀴 꽃에 머리를 박고 꽃가루를 먹는다.

**소똥구리과
풍뎅이아과**

크기 10~15mm
사는 곳 평지, 산
나타나는 때 4~10월
움직이는 때 낮
겨울잠 어른벌레

참콩풍뎅이

둥글넓적한 몸은 광택이 나는 남색이며, 배의 테두리를 따라 흰 점이 있다. 딱지날개에 붉은 무늬가 있는 개체도 있다. 산이나 들판에 피는 다양한 꽃에 여러 마리가 모여 꽃가루를 먹는다. 도심에 핀 무궁화에서도 보일 정도로 다양한 곳에 산다.

◪ 잎에서 쉬다가 꽃가루를 찾아 날아다닌다.

콩풍뎅이

참콩풍뎅이와 매우 비슷하지만, 배 테두리에 흰 점이 없다. 뒷다리가 유난히 굵고, 산과 들판의 다양한 꽃에 모여 꽃가루를 먹는다.

소똥구리과
풍뎅이아과

크기 10~13mm
사는 곳 평지, 산
나타나는 때 4~11월
움직이는 때 낮
겨울잠 어른벌레

■ 엉겅퀴 꽃을 좋아한다.

남방콩풍뎅이

**소똥구리과
풍뎅이아과**

크기 6~9mm
사는 곳 평지
나타나는 때 5~8월
움직이는 때 낮
겨울잠 애벌레

머리와 가슴은 녹색이나 구릿빛을 띠며, 딱지날개는 광택 있는 적갈색이다. 딱지날개에 세로줄이 있고, 주로 남쪽 지방에서 관찰된다. 어른벌레는 낮에 다양한 꽃에 날아와 꽃가루를 먹는다.

- 나뭇잎에 앉아 쉰다.(위)
- 더듬이를 쭉 펴고 앞다리로 몸을 세우는 건 날기 직전의 행동이다. (왼쪽)
- 딱지날개를 활짝 펴고 날아오른다. (오른쪽)

금줄풍뎅이

녹색, 구릿빛 등 변이가 있다. 배 쪽에 털이 많고, 몸 전체가 곰보처럼 거칠다. 딱지날개 가운데 굵은 줄이 있고, 양쪽으로 가는 세로줄이 있다. 어른벌레는 높은 산 쪽에서 많이 보이고, 불빛에 잘 날아 온다.

소똥구리과 풍뎅이아과

크기 18~20mm
사는 곳 산
나타나는 때 6~9월
움직이는 때 밤
겨울잠 애벌레

◘ 가로등 불빛에 날아왔다.

소똥구리과 풍뎅이아과

크기 14~20mm
사는 곳 산, 평지
나타나는 때 5~11월
움직이는 때 밤
겨울잠 애벌레

별줄풍뎅이

갈색 딱지날개에 볼록한 세로줄 무늬가 있다. 가슴에 녹색 무늬가 있으며, 광택이 약간 난다. 녹색 무늬는 개체에 따라 다르다. 풀밭이나 낮은 산에서 자주 보이며, 개체 수가 많은 편이다. 불빛에 잘 날아온다.

◘ 수컷이 짝짓기를 시도한다.

풍뎅이

몸 전체가 녹색이고, 광택이 매우 강해 아름답다. 낮에는 주로 풀잎에 앉아 쉬거나, 먹이 활동을 한다. 어른벌레는 산보다 강이나 시냇가 주변의 풀밭에서 자주 보이고, 풀이나 활엽수 잎을 뜯어 먹는다. 풍뎅이 종류는 개체 수가 많고, 생태나 생김새가 비슷하다.

소똥구리과 풍뎅이아과

크기 15~21mm
사는 곳 평지
나타나는 때 4~11월
움직이는 때 낮
겨울잠 애벌레

풍뎅이와 유사한 종

청동풍뎅이

오리나무풍뎅이

부산풍뎅이

카멜레온줄풍뎅이

◘ 꽃가루를 먹으러 날아왔다.

어깨무늬풍뎅이

머리와 가슴은 검고, 딱지날개는 갈색과 검은색으로 얼룩덜룩하다. 몸에는 잔털이 덮였다. 봄부터 가을까지 볼 수 있으며, 낮에 활엽수 잎에 앉아 쉬거나 흰 꽃에 날아와서 꽃가루를 먹는 모습이 자주 눈에 띈다.

소똥구리과
풍뎅이아과

크기 8~11mm
사는 곳 평지, 낮은 산
나타나는 때 4~10월
움직이는 때 낮
겨울잠 어른벌레

- 풀 위에서 쉰다.(위)
- 검은색 무늬가 진한 개체(아래)

소똥구리과 풍뎅이아과

크기 8~13mm
사는 곳 평지
나타나는 때 3~11월
움직이는 때 낮
겨울잠 어른벌레

등얼룩풍뎅이

몸 전체가 검은 개체가 있는가 하면, 딱지날개의 얼룩무늬가 개체마다 다를 정도로 변이가 다양하다. 물가 주변이나 들판의 다양한 풀에서 자주 보인다. 비슷한 종으로는 연노랑풍뎅이가 있다.

■ 등에 세로줄이 선명하다.(위)
■ 청람색 개체는 드물다.(아래)

홈줄풍뎅이

몸 전체가 녹색인 개체가 많고, 청람색 개체도 이따금 눈에 띈다. 딱지날개에는 세로로 홈이 파였다. 풀밭이나 산에서 볼 수 있고, 낮에는 먹이 활동을 하거나 활엽수에 앉아 쉰다. 불빛에도 잘 날아온다.

소똥구리과
풍뎅이아과

크기 11~16mm
사는 곳 평지, 낮은 산
나타나는 때 5~11월
움직이는 때 낮
겨울잠 애벌레

▫ 제주도에 가면 불빛이 있는 곳에서 흔히 관찰된다.

제주풍뎅이

소똥구리과 풍뎅이아과

크기 11~17mm
사는 곳 평지
나타나는 때 5~7월
움직이는 때 밤
겨울잠 애벌레

제주도에만 사는 풍뎅이다. 가슴은 광택 있는 녹색이고, 딱지날개는 주황색이다. 눈이 유난히 크며, 불빛에 잘 날아든다. 6월에 많이 활동하고, 그 이후에는 잘 보이지 않는다.

▫ 오리나무 진에 모여든 장수풍뎅이들.

장수풍뎅이

남부 지방에서 주로 볼 수 있다. 수컷은 큰 뿔이 있다. 낮에는 낙엽 밑에 숨었다가 밤이 되면 다양한 활엽수 진에 모여서 먹이 활동과 짝짓기를 한다. 암컷은 짝짓기 후 두엄이나 잘 썩은 낙엽 아래에 알을 30~50개 낳고 죽는다. 이 알들은 썩은 나무나 두엄을 먹고 3령 애벌레로 겨울을 난 다음 이듬해 어른벌레가 된다.

소똥구리과 장수풍뎅이아과

크기 30~83mm
사는 곳 활엽수림
나타나는 때 7~9월
움직이는 때 밤
겨울잠 애벌레

▪ 나무 진을 먹으러 날아온 암컷.(위)
▪ 수컷. 가슴 모양으로 암수 구별이 가능하다.(아래)

소똥구리과
장수풍뎅이아과

크기 20~24mm
사는 곳 활엽수림
나타나는 때 6~9월
움직이는 때 밤
겨울잠 애벌레, 어른벌레

외뿔장수풍뎅이

전국 어디에서나 볼 수 있다. 수컷은 가슴이 움푹 파였고, 작은 뿔이 있다. 나무 진에 주로 모이고, 다른 곤충을 공격해 체액을 빨아먹기도 한다. 알에서 애벌레가 되기까지 60일 정도밖에 걸리지 않는다.

◘ 꽃에 날아와 꽃가루를 먹는다.(위)
◘ 얼음이 언 소나무 껍질 아래에서 겨울잠을 자는 어른벌레.(아래)

넓적꽃무지

몸이 납작하고, 검은색과 흰색이 섞여 얼룩덜룩하다. 봄에 활동하기 시작하며, 꽃에 잘 날아든다. 썩은 소나무에 알을 낳고, 애벌레는 소나무 껍질 밑을 파먹으며 자란다. 번데기 방도 소나무 껍질 밑에 만들며, 어른벌레로 겨울잠을 잔다. 죽은 소나무 껍질을 벗기면 겨울에도 쉽게 찾을 수 있다.

소똥구리과
꽃무지아과

크기 4~7mm
사는 곳 낮은 산
나타나는 때 4~7월
움직이는 때 낮
겨울잠 어른벌레

▫ 위협을 느꼈는지 꼼짝 않는다.(위)
▫ 색이 검은 암컷. 뾰족한 건 산란관이다.(아래)

**소똥구리과
꽃무지아과**

크기 8~9mm
사는 곳 낮은 산
나타나는 때 3~5월
움직이는 때 낮
겨울잠 어른벌레

참넓적꽃무지

넓적꽃무지와 비슷하나, 좀더 크고 색이 밝은 편이다. 위협을 받으면 죽은 척한다. 암컷은 참나무류 껍질 사이에 긴 산란관을 꽂고 알을 낳는다. 어른벌레로 겨울잠을 잔다.

◩ 머리를 박고 꽃가루를 먹는 모습이 꼭 꿀벌 같다.

호랑꽃무지

봄부터 많이 보인다. 꽃에 날아와서 꽃가루를 먹는데, 털이 많고 몸의 무늬가 꿀벌과 비슷해 천적에게서 몸을 보호한다. 맑은 날이면 잘 날아다니고, 꽃을 먹다가 암수가 만나 짝짓기를 한다.

소똥구리과
꽃무지아과

크기 8~13mm
사는 곳 풀밭, 낮은 산
나타나는 때 4~11월
움직이는 때 낮
겨울잠 애벌레

◘ 딱지날개에 굴곡이 있다.

큰자색호랑꽃무지

**소똥구리과
꽃무지아과**

크기 22~35mm
사는 곳 산
나타나는 때 7~8월
움직이는 때 낮
겨울잠 애벌레

몸 전체가 광택이 나는 자줏빛을 띠고, 딱지날개가 울퉁불퉁하다. 강원도 일부 지역에서 관찰된다. 밤에는 이따금 불빛에도 날아온다. 환경부 보호종 2급으로 지정되어 있다.

◼ 꽃가루를 먹으러 날아왔다.

긴다리호랑꽃무지

배가 넓고 납작하며, 뒷다리가 유난히 길다. 몸 전체가 구릿빛을 띠고 광택은 없으며, 딱지날개에 흰 무늬가 있다. 어른벌레는 활엽수 벌채목 주변에서 날아다니거나 꽃에 날아와 꽃가루를 먹는다.

**소똥구리과
꽃무지아과**

크기 15~22mm
사는 곳 산
나타나는 때 5~9월
움직이는 때 낮
겨울잠 애벌레

- 수컷은 긴 앞다리와 멋진 뿔이 특징이다.(위)
- 나무 진을 먹는 암컷.(가운데)
- 수컷은 건드리면 앞다리를 들어 위협한다.(왼쪽)
- 짝짓기(오른쪽)

**소똥구리과
꽃무지아과**

크기 21~35mm
사는 곳 낮은 산
나타나는 때 5~7월
움직이는 때 낮
겨울잠 애벌레, 어른벌레

사슴풍뎅이

이름에 '풍뎅이'가 들어가지만 꽃무지아과다. 수컷은 온몸이 회백색 가루로 덮였고, 가슴에 줄이 두 개, 머리에 두 갈래 뿔이 있다. 암컷은 적갈색이나 흑갈색이며, 수컷도 회백색 가루가 떨어지면 암컷과 비슷한 색이다. 다양한 활엽수의 진에 모이며, 수컷은 긴 앞다리로 암컷을 끌어안고 짝짓기를 한다.

□ 머리를 박고 나무 진을 먹는다.(위)
□ 제주도에서 볼 수 있는 파란색 개체(아래)

풍이

몸이 납작하고, 광택이 강하다. 색 변이가 다양해 제주도에는 파란빛이 나는 개체도 있다. 여러 마리가 활엽수에 모여서 진을 먹는다. 과일 쓰레기에 날아오는 경우도 있다.

소똥구리과 꽃무지아과

크기 25~33mm
사는 곳 활엽수림
나타나는 때 5~9월
움직이는 때 낮
겨울잠 애벌레

▫ 꽃가루를 먹으려고 날아온 꽃무지.(위)
▫ 털이 정말 많다.(아래)

꽃무지

**소똥구리과
꽃무지아과**

크기 14~20mm
사는 곳 산, 풀밭
나타나는 때 4~11월
움직이는 때 낮
겨울잠 어른벌레

적갈색 몸에 가늘고 긴 털이 덮였다. 딱지날개에는 흰 점이 대칭을 이룬다. 어른벌레는 꽃을 좋아해서 이름처럼 꽃에 파묻혀 꽃가루를 먹는다. 꽃무지가 활동하는 시기엔 생김새나 생태가 비슷한 다른 꽃무지들도 꽃에 날아와 꽃가루를 먹는다.

▫ 홍점알락나비, 장수풍뎅이 암컷과 함께 나무 진을 먹는다.

흰점박이꽃무지

몸은 납작하고, 어두운 구릿빛에 광택이 있다. 딱지날개에는 희고 불규칙한 무늬가 있다. '붕-붕-' 소리를 내며 잘 날아다닌다. 나무 진을 주로 먹고, 과수원의 썩은 과일에도 많이 모인다. 두엄이나 퇴비, 썩은 나무 밑 등 다양한 곳에 알을 낳는다.

소똥구리과
꽃무지아과

크기 17~22mm
사는 곳 평지, 활엽수림
나타나는 때 4~9월
움직이는 때 낮
겨울잠 어른벌레

▫ 녹색이 강하다.(위)
▫ 애벌레는 흔히 굼벵이라 부른다.(아래)

**소똥구리과
꽃무지아과**

크기 16~25mm
사는 곳 낮은 산, 평지
나타나는 때 4~9월
움직이는 때 낮
겨울잠 어른벌레

만주점박이꽃무지

흰점박이꽃무지와 매우 비슷하지만, 광택이 강한 녹색이다. 썩은 나무나 오래 된 초가 지붕에 알을 낳는다. 시골에서는 애벌레를 굼벵이라 부르며, 약재로 쓰기도 한다. 풍뎅이류와 꽃무지류의 애벌레를 구별할 때 배를 대고 기어가는 것은 풍뎅이류, 등으로 기어가는 것은 꽃무지류로 보면 된다.

□ 꽃가루를 먹는다.

검정꽃무지

몸은 광택이 없는 검은색이다. 딱지날개에 크고 누런 무늬가 한 쌍 있고, 작은 점도 퍼져 있다. 어른벌레는 꽃에 모여서 꽃가루를 먹는다.

**소똥구리과
꽃무지아과**

크기 11~14mm
사는 곳 산, 평지
나타나는 때 4~10월
움직이는 때 낮
겨울잠 어른벌레

- 몸에 꽃가루가 묻었다.(위)
- 엉겅퀴 꽃에 앉아서 꼼짝 않는다.(아래)

풀색꽃무지

소똥구리과
꽃무지아과

크기 10~14mm
사는 곳 풀밭, 낮은 산
나타나는 때 3~10월
움직이는 때 낮
겨울잠 애벌레

몸은 녹색이나 적갈색이며, 녹색에 빨간 점이 한 쌍 있는 변이도 있다. 광택은 없고 짧은 털이 났다. 우리나라에서 가장 흔한 꽃무지로, 산이나 들꽃이 있는 곳이면 어디에서나 볼 수 있다.

◘ 땅바닥에 가만히 앉았다. 원래 움직임이 적다.(위)
◘ 짝짓기도 땅바닥에서 한다.(아래)

홀쭉꽃무지

납작하고 길쭉한 몸이 검은색이고, 희미하게 노란 무늬도 있다. 다른 꽃무지류와 달리 꽃에 모이지 않고 엉뚱하게 돌 밑에서 발견되기도 한다. 행동이 둔하고 잘 날지 않는다. 건드리면 죽은 척한다.

소똥구리과
꽃무지아과

크기 15~17mm
사는 곳 낮은 산, 평지
나타나는 때 5~6월
움직이는 때 낮
겨울잠 알려지지 않음

▫ 밤에 매화나무 잎에 앉아 쉰다.(위)
▫ 이마에 노란 점이 특이하다.(아래)

노랑무늬비단벌레

비단벌레과
비단벌레아과

크기 12~13mm
사는 곳 낮은 산
나타나는 때 5~6월
움직이는 때 낮
겨울잠 애벌레

몸은 광택이 강한 흑남색이다. 딱지날개 끝 부분에 가로로 길쭉한 노란색 무늬가 네 개, 이마 부분에 노란 점이 있는데, 없는 개체도 있다. 개살구나무와 복숭아나무, 매화나무 잎에서 주로 관찰된다.

▫ 몸빛이 어둡지만 화려해 보인다.

검정금테비단벌레

넓적하고 납작한 몸이 검은데, 깊게 파인 점열 안에 금색, 보라색, 푸른색이 나서 매우 아름답다. 종아리 마디가 둥글게 굽었으며, 오래 된 은사시나무에서 볼 수 있다.

비단벌레과 비단벌레아과

크기 10~20mm
사는 곳 평지, 낮은 산
나타나는 때 6~7월
움직이는 때 낮
겨울잠 애벌레

◘ 색이 화려하다.

비단벌레과
비단벌레아과

크기 8~13mm
사는 곳 산
나타나는 때 4~6월
움직이는 때 낮
겨울잠 애벌레

금테비단벌레

몸빛이 금속성 검푸른색과 녹색을 띠고, 가슴부터 딱지날개 테두리에 붉은 무늬가 있다. 가슴에는 곰보처럼 굵은 점열이 있고, 딱지날개에는 세로줄이 있다. 봄부터 나와 느릅나무 잎을 갉아먹고, 벌채한 활엽수에도 잘 날아온다.

◨ 알을 낳으려고 소나무 벌채목에 날아온 암컷.

고려비단벌레

타원형 몸이 금속성 구릿빛을 띠며, 딱지날개에는 세로줄이 있다. 소나무 벌채목에 날아온다. 암컷은 죽은 소나무를 산란관으로 쿡쿡 찍어 보며 적당한 곳을 찾아 그 속에 알을 낳는다.

**비단벌레과
비단벌레아과**

크기 11~22mm
사는 곳 낮은 산
나타나는 때 6~9월
움직이는 때 낮
겨울잠 애벌레

□ 소나무에 붙어 있으면 잘 보이지 않는다.(위)
□ 애벌레는 썩은 소나무 속을 파먹는다.(아래)

소나무비단벌레

비단벌레과 비단벌레아과

크기 24~40mm
사는 곳 평지, 낮은 산
나타나는 때 5~8월
움직이는 때 낮
겨울잠 애벌레, 어른벌레

우리 나라 비단벌레 중 큰 편에 속하며, 소나무에 산다. 딱지날개에는 불규칙하고 굵게 파인 홈이 있다. 몸이 금색 가루로 덮였으나, 오랫동안 활동한 개체는 다 벗겨져서 거무튀튀한 구릿빛만 남기도 한다. 보통 애벌레로 소나무 속에서 겨울잠을 자지만, 이따금 어른벌레로 겨울잠을 자는 경우도 있다.

- 날이 흐리면 날지 않고 나뭇잎에 앉아 쉰다.(위)
- 알 낳을 곳을 찾는 암컷(왼쪽)
- 썩은 서어나무 속에 있는 애벌레.(오른쪽)

비단벌레

남부 지방에서 주로 발견되며 보석처럼 아름답다. 몸은 광택이 나는 녹색이며, 가슴부터 배까지 빨간 세로 줄이 있다. 어른벌레는 팽나무와 참나무, 서어나무 등 다양한 활엽수를 먹으며, 해가 쨍쨍한 날 나무 꼭대기 부근에서 몸을 세워 십자가 형태로 천천히 날아다닌다. 천연기념물 469호로 지정되어 있다.

비단벌레과
비단벌레아과

크기 30~40mm
사는 곳 평지, 낮은 산
나타나는 때 7~8월
움직이는 때 낮
겨울잠 애벌레

■ 눈이 크고 특이하게 생겼다.

비단벌레과 비단벌레아과
크기 7~12mm **사는 곳** 평지, 낮은 산 **나타나는 때** 5~7월 **움직이는 때** 낮 **겨울잠** 애벌레

배나무육점박이비단벌레

몸이 넓적하고 납작하며, 금속성 있는 구릿빛이다. 앞다리 넓적다리마디가 발달했으며, 보라색 다리는 개체마다 조금씩 다르다. 낮에 활발히 움직이며, 소나무 벌채목에 날아와 알을 낳는다.

◘ 소나무 벌채목에 날아왔다.

검정넓적비단벌레

몸이 넓적하고 납작하며, 금속성 있는 검은색이다. 딱지날개 끝이 뾰족하다. 낮에 소나무 벌채목에 잘 날아오며, 위협을 느끼면 재빨리 날아가거나 나무껍질 틈에 숨는다.

**비단벌레과
비단벌레아과**

크기 7~12mm
사는 곳 평지
나타나는 때 5~7월
움직이는 때 낮
겨울잠 애벌레

◘ 딱지날개에 무늬가 뚜렷하다.

**비단벌레과
호리비단벌레아과**

크기 6.5~8mm
사는 곳 낮은 산
나타나는 때 7~8월
움직이는 때 낮
겨울잠 애벌레

황녹색호리비단벌레

몸은 구릿빛이 나는 녹색이다. 딱지날개 아래쪽에 검은색과 흰색 무늬가 뚜렷한데, 무늬 크기는 개체마다 다르다. 어른벌레는 칡잎을 갉아먹고, 애벌레는 칡덩굴 속을 파먹는다.

◘ 흐린 날 나뭇잎에 앉아 쉰다.

가시나무비단벌레

호리비단벌레류 가운데 큰 편이다. 머리와 가슴은 금속성 붉은색이고, 딱지날개는 검은색에 가까운 녹색이다. 어른벌레는 상수리나무와 졸참나무, 굴참나무 등 활엽수 잎을 갉아먹는다.

**비단벌레과
호리비단벌레아과**

크기 11.5~15.5mm
사는 곳 산
나타나는 때 5~7월
움직이는 때 낮
겨울잠 애벌레

◘ 팽나무 잎에 앉아 쉰다.

**비단벌레과
호리비단벌레아과**

크기 5.2~10.2mm
사는 곳 낮은 산, 평지
나타나는 때 4~9월
움직이는 때 낮
겨울잠 어른벌레

모무늬비단벌레

머리와 가슴은 적갈색이고, 딱지날개 윗부분은 황록색이며, 아래쪽에 특이한 적갈색 무늬가 있다. 남쪽 지방에 많은 팽나무에서 주로 발견된다. 어른벌레는 팽나무 잎을 갉아먹으며, 팽나무나 느티나무 껍질 아래에서 겨울잠을 잔다.

◧ 몸이 뚱뚱하다.

얼룩무늬좀비단벌레

생김새가 다른 비단벌레와 다르다. 머리와 가슴은 금색이고, 딱지날개는 검은색과 금색, 은백색이 섞여 얼룩덜룩하다. 봄부터 활동하며, 밤나무와 상수리나무 등 활엽수 잎을 갉아먹는다.

**비단벌레과
호리비단벌레아과**

크기 3~4mm
사는 곳 낮은 산
나타나는 때 4~10월
움직이는 때 낮
겨울잠 어른벌레

생김새가 비슷한 비단벌레들

버드나무좀비단벌레는 버드나무류 잎에서 관찰된다.

톱날개좀비단벌레가 잎을 갉아먹은 자국이 보인다.

■ 죽은 느티나무에서 짝짓기를 한다.

흰점비단벌레

몸이 가늘고 길며, 어두운 구릿빛을 띤다. 딱지날개에는 흰 점 네 개가 뚜렷하고, 딱지날개 맨 윗부분과 끝부분에는 흰 무늬가 희미하다. 활엽수 벌채목에 주로 날아온다.

**비단벌레과
호리비단벌레아과**

크기 5~8.5mm
사는 곳 낮은 산
나타나는 때 5~8월
움직이는 때 낮
겨울잠 애벌레

- 더듬이가 눈에 띈다.(위)
- 물삿갓벌레류 애벌레.(아래)

**물삿갓벌레과
둥근물삿갓벌레아과**

크기 3~6mm
사는 곳 물가 주변
나타나는 때 5~8월
움직이는 때 낮
겨울잠 애벌레

물가둥근물삿갓벌레

몸빛이 흑남색을 띠고, 다리는 갈색이다. 더듬이가 크고 빗살처럼 생겼다. 물삿갓벌레류의 애벌레는 둥글넓적하고, 계곡의 돌 밑에 붙어서 애벌레 기간을 보낸다.

◘ 높은 곳으로 기어오른 다음 날아간다.

왕빗살방아벌레

방아벌레 종류 가운데 큰 편이다. 몸은 적갈색이고, 흰 가루가 덮였다. 흰 가루는 만지면 잘 벗겨진다. 위협을 느끼면 다리를 모으고 죽은 척한다. 개체 수는 아주 많은데 낮에는 찾아보기 힘들고, 밤이 되면 불빛에 날아온다.

방아벌레과
왕빗살방아벌레아과

크기 22~27mm
사는 곳 낮은 산
나타나는 때 4~6월
움직이는 때 밤
겨울잠 애벌레

▫ 날아가기 위해 나뭇잎 끝에 앉았다.(위)
▫ 앉은 곳이 불안하면 날아오른다.(아래)

**방아벌레과
녹슬은방아벌레아과**

크기 16mm 안팎
사는 곳 낮은 산
나타나는 때 4~6월
움직이는 때 낮
겨울잠 애벌레

대유동방아벌레

더듬이와 눈을 제외한 몸 전체가 붉은색을 띠고, 고운 가루로 덮였다. 봄에 많이 볼 수 있으며, 기온이 높고 햇볕이 쨍쨍하면 숲 속을 날아다닌다. 더듬이는 톱니 모양이고, 위협을 느끼면 죽은 척한다.

▫ 나무에 붙어 있으면 눈에 잘 띄지 않는다.

녹슬은방아벌레

긴 타원형 몸이 녹슨 쇠처럼 얼룩덜룩해서 붙은 이름이다. 가슴에 볼록한 돌기가 두 개 있다. 개체 수가 많은 편이며, 전국 어디에서나 볼 수 있다.

**방아벌레과
녹슬은방아벌레아과**

크기 12~16mm
사는 곳 산, 평지
나타나는 때 5~10월
움직이는 때 낮
겨울잠 애벌레

▫ 각도에 따라 금색 털이 다르게 보인다.

알락방아벌레

**방아벌레과
녹슬은방아벌레아과**

크기 14~16mm
사는 곳 낮은 산, 평지
나타나는 때 5~6월
움직이는 때 낮
겨울잠 애벌레

머리와 가슴은 검은색이고, 딱지날개는 적갈색이다. 몸이 황금색 털로 덮여 벨벳처럼 보이고, 군데군데 털이 뭉친 부분이 금색 무늬 같다. 각도에 따라 무늬가 다르게 보일 수 있다. 어른벌레는 주로 낮에 날아다닌다.

◘ 소나무 벌채목에 날아와 산란할 곳을 찾는다.

맵시방아벌레

회색 몸에 불규칙한 검은색 무늬가 있다. 어른벌레는 6~7월에 죽은 소나무에 알을 낳는다. 애벌레는 소나무 속에 있는 다른 곤충을 잡아먹고 자라는데, 성질이 사납다. 겨울에 썩은 소나무 껍질을 벗기면 겨울잠을 자는 어른벌레를 볼 수 있고, 썩은 나무 속에서는 애벌레도 눈에 띈다.

**방아벌레과
녹슬은방아벌레아과**

크기 22~30mm
사는 곳 낮은 산
나타나는 때 5~8월
움직이는 때 낮
겨울잠 애벌레, 어른벌레

▫ 나무에 붙어 죽은 척한다.(위)
▫ 갓 탈바꿈한 개체. 시간이 지나면 몸빛이 바뀐다.(아래)

큰무늬맵시방아벌레

방아벌레과
녹슬은방아벌레아과

크기 30mm 안팎
사는 곳 산
나타나는 때 7~8월
움직이는 때 밤
겨울잠 애벌레

남부 지방에서 주로 보이며, 딱지날개에 반달 모양 무늬가 있다. 어른벌레는 몸이 짧은 털로 덮였고, 활동을 많이 한 개체는 딱지날개의 무늬가 벗겨진다. 개서어나무에서 주로 발견된다. 애벌레는 검은색이고, 어른벌레는 불빛에도 날아든다.

◘ 크기가 매우 작다.

꼬마방아벌레

아주 작은 종으로, 몸빛이 적갈색이다. 가슴에 검은 세로줄 무늬가 있고, 딱지날개에는 잔털과 광택 없는 검은 무늬가 있다. 풀밭이나 논, 잔디밭의 흙 위를 기어다니거나 속으로 파고든다.

방아벌레과
녹슬은방아벌레아과

크기 5mm 안팎
사는 곳 평지, 풀밭
나타나는 때 4~10월
움직이는 때 낮
겨울잠 어른벌레

■ 벚나무 잎에 붙어 쉰다.

크라아츠방아벌레

몸이 가늘고 길며, 딱지날개에 노란 점이 한 쌍 있다. 몸에는 금속성 광택이 나고, 짧은 털이 덮였다. 봄에 나무 새순이나 가지 위에서 발견된다.

방아벌레과
주홍방아벌레아과

크기 8~12mm
사는 곳 낮은 산
나타나는 때 4~5월
움직이는 때 낮
겨울잠 어른벌레

◧ 건드리면 다리를 웅크리고 죽은 척한다.

얼룩방아벌레

몸이 길쭉하고 가는 타원형이다. 가슴 양쪽 끝으로 돌기가 길게 내려왔다. 몸에는 갈색 털이 덮였고, 딱지날개에 군데군데 털이 나서 얼룩무늬처럼 보인다. 어른벌레는 낮에 주로 풀에 앉아 쉰다.

방아벌레과
주홍방아벌레아과

크기 12~17mm
사는 곳 낮은 산, 풀밭
나타나는 때 4~6월
움직이는 때 낮
겨울잠 어른벌레

▫ 날아다니다가 땅바닥에 떨어졌다.

고려청동방아벌레

**방아벌레과
주홍방아벌레아과**

크기 15~18mm
사는 곳 낮은 산
나타나는 때 4~6월
움직이는 때 낮
겨울잠 애벌레

넓고 납작한 타원형 몸이 탁한 자줏빛을 띠며, 잔털로 덮였다. 이른 봄부터 활동을 시작하고, 기온이 높은 날 등산로 주변을 날아다닌다.

◘ 봄이면 산 속 여기저기에 앉아 있다.

청동방아벌레

납작한 타원형 몸은 광택이 강한 청동색이고, 딱지날개에 세로 홈이 파였다. 어른벌레는 봄부터 많이 날아다니며, 낮에 땅바닥이나 풀잎 등에 앉아 쉬는 모습을 볼 수 있다.

방아벌레과
주홍방아벌레아과

크기 15~17mm
사는 곳 낮은 산
나타나는 때 5~6월
움직이는 때 낮
겨울잠 애벌레

◘ 가까이 다가가니 잎 뒤로 숨는다.

**방아벌레과
방아벌레아과**

크기 8~11mm
사는 곳 산, 평지
나타나는 때 4~6월
움직이는 때 낮
겨울잠 어른벌레

누런방아벌레

머리와 가슴은 검고, 딱지날개는 적갈색이며 굵은 세로줄이 있다. 몸 전체에 잔털이 있어 광택은 나지 않는다. 낮에는 주로 숲 속의 나뭇잎 뒤에 붙어 쉰다.

ㅁ 썩은 참나무 속에서 겨울잠을 자는 모습.

진홍색방아벌레

머리와 가슴은 광택 나는 검은색이다. 딱지날개는 붉은색을 띠며, 굵은 홈이 파였다. 기온이 올라간 초봄 맑은 날, 숲 속을 활발히 날아다닌다. 참나무류에 주로 알을 낳고, 늦가을에 어른벌레가 되어 나무껍질 밑에서 겨울잠을 잔다.

방아벌레과 방아벌레아과

크기 10~12mm
사는 곳 낮은 산, 평지
나타나는 때 4~7월
움직이는 때 낮
겨울잠 어른벌레

□ 낮에 나뭇잎에서 쉰다.

방아벌레과
방아벌레아과

크기 15~19mm
사는 곳 낮은 산, 풀밭
나타나는 때 4~6월
움직이는 때 낮
겨울잠 애벌레

붉은다리빗살방아벌레

몸이 길쭉하며, 배 쪽으로 갈수록 가늘어진다. 검은색 몸에 다리는 갈색이다. 머리와 가슴은 광택이 강하고, 딱지날개는 잔털로 덮였다. 낮에는 주로 숲 속의 풀에 앉고, 밤에는 나무 진에도 모인다.

ㅁ 활발히 움직이는 편이 아니라 나뭇잎에 앉아 쉰다.

큰홍반디

몸이 납작하고, 머리는 아주 작다. 몸 전체가 짙은 빨간색인데, 배 쪽은 검다. 가슴 가운데는 검고 굵은 세로줄이 있으며, 딱지날개에는 가는 세로줄이 있다. 몸이 매우 약하고, 딱지날개도 무르다. 어른벌레는 주로 벌채목이나 풀밭에서 볼 수 있다.

홍반디과
홍반디아과

크기 14mm 안팎
사는 곳 풀밭
나타나는 때 5~7월
움직이는 때 낮
겨울잠 애벌레

- 풀잎에 앉았다가 불빛을 내며 날아다닌다.(위)
- 배 끝 부분의 흰색 2번째 마디에서 빛을 낸다.(왼쪽)
- 빛을 내는 모습.(오른쪽)

반딧불이과
애반딧불이아과

크기 10~14mm
사는 곳 산, 평지
나타나는 때 5~7월
움직이는 때 밤
겨울잠 애벌레

파파리반딧불이

봄부터 초여름까지 보이는 반딧불이다. 가슴은 주황색이고, 딱지날개는 검은색이며 무른 편이다. 해질녘이나 해 뜨기 전에 무리지어 빛을 낸다. 전국 어디에서나 볼 수 있다.

- 해가 지면 활동하기 시작한다.(위)
- 다슬기를 잡아먹는 애벌레.(아래)

애반딧불이

우리 나라 반딧불이 중 가장 작다. 주황색 가슴 가운데 검고 굵은 세로줄이 있다. 암컷은 주로 축축한 이끼에 알을 낳고, 애벌레는 물 속의 다슬기를 잡아먹는다.

반딧불이과
애반딧불이아과

크기 7~10mm
사는 곳 논, 계곡
나타나는 때 5~7월
움직이는 때 밤
겨울잠 애벌레

- 수컷(위)
- 암컷은 날개가 퇴화되었다.(왼쪽)
- 애벌레(오른쪽)

늦반딧불이

**반딧불이과
반딧불이아과**

크기 15~18mm
사는 곳 산, 논, 밭
나타나는 때 7~9월
움직이는 때 밤
겨울잠 애벌레

가을에 볼 수 있는 종으로, 우리 나라 반딧불이 중 가장 크다. 눈이 가슴 아래 있어 뒤집어야 보인다. 수컷은 날개가 있으나, 암컷은 날개가 퇴화되어 흔적만 남았다. 애벌레는 습한 숲 속에 돌아다니며 달팽이 등을 잡아먹는다. 논부터 높은 산까지 다양한 곳에서 발견된다.

◘ 밤나무 잎에서 먹이를 찾아 돌아다닌다.

회황색병대벌레

몸 전체가 주황색이고, 가슴에는 검은 무늬가 있다. 낮에 잘 날아다니고, 나뭇잎 위나 풀밭에 살면서 주로 진딧물을 잡아먹는다. 병대벌레 종류는 아직까지 연구가 많이 되지 않은 상태다.

병대벌레과 병대벌레아과

크기 9~11mm
사는 곳 평지, 풀밭
나타나는 때 5~6월
움직이는 때 낮
겨울잠 애벌레

◘ 딱지날개 가운데 있는 주황색 무늬는 개체마다 변이가 심하다.

**병대벌레과
병대벌레아과**

크기 10~13mm
사는 곳 평지, 풀밭
나타나는 때 5~6월
움직이는 때 낮
겨울잠 애벌레

서울병대벌레

머리와 가슴은 주황색이다. 딱지날개는 일반적으로 검은색을 띠나, 개체마다 변이가 심한 편이다. 풀밭에서 주로 볼 수 있다. 낮에 잘 날아다니며, 진딧물 등 다른 곤충들을 잡아먹는다.

◘ 돌에 앉아 쉰다.

노랑줄어리병대벌레

머리는 검고 가슴은 주황색이며, 가슴 가운데 크고 검은 점이 있다. 딱지날개는 검고 연노랑 세로줄이 있으나, 이 무늬는 개체에 따라 거의 보이지 않는 종도 있다. 낮에 풀밭에 잘 날아다니며 꽃에 날아온다.

**병대벌레과
병대벌레아과**

크기 7~9mm
사는 곳 평지, 풀밭
나타나는 때 4~6월
움직이는 때 낮
겨울잠 애벌레

▫ 넓적배사마귀 알집에 알을 낳으러 날아왔다.(위)
▫ 산란관을 꽂고 알을 낳는다.(아래)

사마귀수시렁이

**수시렁이과
곡식수시렁이아과**

크기 3~4mm
사는 곳 낮은 산
나타나는 때 4~10월
움직이는 때 낮
겨울잠 애벌레

몸이 거무튀튀하고, 잔털로 덮였다. 이 종은 사마귀 알집에 기생하는 특이한 생태를 보인다. 암컷은 사마귀 알집에 산란관을 꽂고 알을 낳으며, 애벌레는 알집 속을 파먹고 자란다.

❏ 꽃가루를 먹으러 날아와 앉았다.

애알락수시렁이

몸이 달걀형이다. 딱지날개는 원래 검은데, 흰색과 노란색 가루가 물결 모양으로 덮여 무늬처럼 보인다. 이 가루는 만지면 벗겨진다. 낮에는 다양한 꽃에 날아와 꽃가루를 먹는다.

수시렁이과
곡식수시렁이아과

크기 2~3mm
사는 곳 낮은 산
나타나는 때 4~6월
움직이는 때 낮
겨울잠 애벌레

- 잘린 나무 기둥에 붙어 있다.(위)
- 엉덩이 부분에 돌기가 2개 있다.(아래)

개나무좀

전체적으로 적갈색이나 검은색이다. 원통형 몸에 가슴이 솟았고 잔 돌기가 있으며, 딱지날개 끝 부분은 경사가 졌다. 애벌레는 나무 속을 파먹는 것으로 유명하다.

**개나무좀과
개나무좀아과**

크기 5~6mm
사는 곳 평지
나타나는 때 4~7월
움직이는 때 낮
겨울잠 어른벌레

▫ 곤충 표본을 갉아먹으러 날아왔다.

권연벌레

타원형 몸이 적갈색을 띠며, 황갈색 털로 덮였다. 어른벌레는 오래 된 집에서 많이 발견되며, 곤충 연구를 위해 만든 표본을 갉아먹는 것으로 유명하다.

빗살수염벌레과 권연벌레아과

크기 2~4mm
사는 곳 민가
나타나는 때 4~9월
움직이는 때 낮
겨울잠 애벌레

◘ 나무 색과 비슷하다.

얼러지쌀도적

쌀도적과 쌀도적아과

크기 10~13mm
사는 곳 평지
나타나는 때 5~8월
움직이는 때 낮
겨울잠 어른벌레

나무를 잘라 쌓아 놓은 벌채목에서 주로 볼 수 있다. 몸이 납작하여 나무 틈에 숨기 좋고, 색도 비슷해 나무에 붙어 있으면 잘 보이지 않는다.

■ 산 속 가로등 아래 풀잎에 앉았다.

얼룩이개미붙이

길쭉한 원통형 몸은 광택 있는 흑갈색이며, 갈색 털로 덮였다. 딱지날개에는 큰 갈색 무늬가 대칭을 이루는데, 개체마다 약간씩 무늬 변이가 있다. 육식을 하며, 꽃에 날아오기도 하고 불빛에 잘 날아온다.

개미붙이과
개미붙이아과

크기 8~11mm
사는 곳 낮은 산, 평지
나타나는 때 5~9월
움직이는 때 밤
겨울잠 알려지지 않음

🔲 날아다니다가 잠깐 풀잎에 앉았다.

참개미붙이

**개미붙이과
개미붙이아과**

크기 7~10mm
사는 곳 낮은 산, 평지
나타나는 때 4~8월
움직이는 때 낮
겨울잠 알려지지 않음

머리와 가슴이 검다. 딱지날개 윗부분은 빨간색이며, 아래쪽에는 흰 띠 무늬가 있다. 온몸에 황백색 털이 덮였고, 주로 소나무 벌채목에 날아와 빠르게 돌아다니며 다른 곤충들을 잡아먹는다. 성질이 매우 사납다.

225

◘ 소나무 벌채목에 앉았다.

가슴빨간개미붙이

몸이 납작하다. 머리는 검고 가슴은 빨갛다. 딱지날개는 위부터 차례로 빨간색, 흰 띠, 검은색, 흰 띠가 있다. 어른벌레는 낮에 소나무 벌채목에서 많이 보이며, 육식을 한다.

개미붙이과 개미붙이아과

크기 7.5~9mm
사는 곳 평지
나타나는 때 5~6월
움직이는 때 낮
겨울잠 알려지지 않음

◘ 어수리 꽃가루를 먹는다.

불개미붙이

**개미붙이과
개미붙이아과**

크기 14~18mm
사는 곳 들판
나타나는 때 5~8월
움직이는 때 낮
겨울잠 알려지지 않음

몸은 광택 있는 청람색이고, 전체적으로 털이 있다. 딱지날개에 붉은 가로줄이 세 개 있다. 어른벌레는 개망초나 어수리 등의 꽃가루를 먹는데, 간혹 꽃에 날아온 다른 곤충을 잡아먹기도 한다.

◘ 크기가 워낙 작아 나무 진에 반쯤 잠겼다.

가는무늬밑빠진벌레

적갈색 몸이 납작하고 매우 작다. 딱지날개에는 검은 색이 넓게 퍼졌으며, 노란 무늬가 대칭을 이룬다. 참나무류에 진을 먹으러 모이며, 그 곳에서 짝짓기를 한다.

밑빠진벌레과
무늬밑빠진벌레아과

크기 3mm 안팎
사는 곳 활엽수림
나타나는 때 5~10월
움직이는 때 밤
겨울잠 어른벌레

■ 참나무류 껍질 틈에 앉았다.

네무늬밑빠진벌레

온몸이 검은색이며, 딱지날개에는 황적색 무늬가 대칭을 이룬다. 네눈박이밑빠진벌레와 비슷하나, 크기와 턱이 작아서 쉽게 구별된다. 어른벌레는 활엽수 진을 먹는다.

밑빠진벌레과
무늬밑빠진벌레아과

크기 5~7mm
사는 곳 활엽수림
나타나는 때 5~8월
움직이는 때 밤
겨울잠 알려지지 않음

◘ 진이 흐르는 참나무 구멍 속에 숨어 있다.

네눈박이밑빠진벌레

광택이 나는 검은색 몸에 턱이 크다. 딱지날개에는 빨간 무늬가 대칭을 이룬다. 활엽수의 진이 흐르는 나무 틈에 숨어 있기를 좋아하고, 나무 진을 먹는다.

**밑빠진벌레과
무늬밑빠진벌레아과**

크기 7~14mm
사는 곳 활엽수림
나타나는 때 5~10월
움직이는 때 밤
겨울잠 애벌레

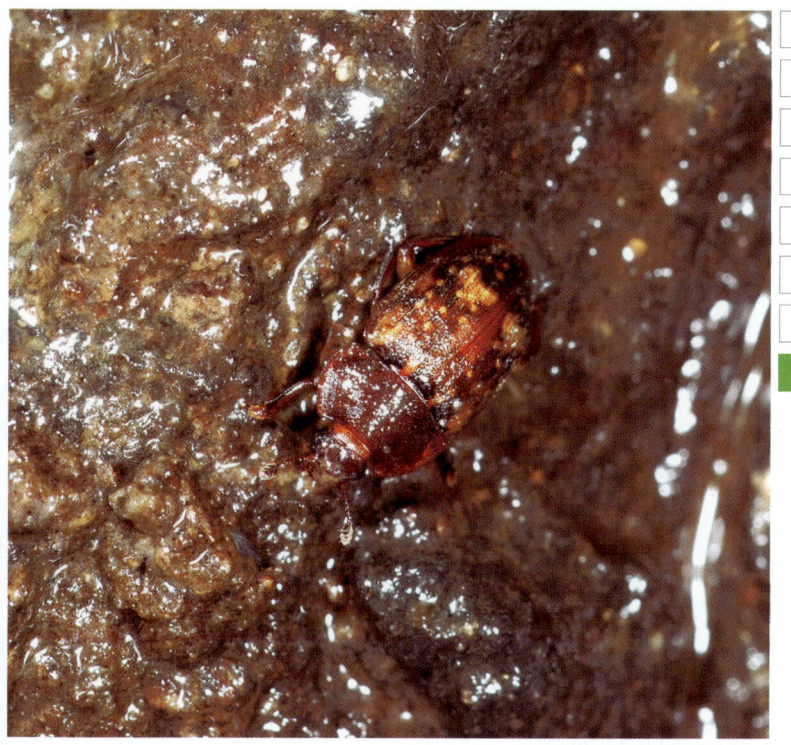

◘ 진이 흐르는 참나무류에 붙어 있다.

**밑빠진벌레과
밑빠진벌레아과**

크기 5.5~8.5mm
사는 곳 활엽수림
나타나는 때 5~10월
움직이는 때 밤
겨울잠 어른벌레

갈색무늬납작밑빠진벌레

납작하고 넓은 타원형 몸은 적갈색이다. 딱지날개에는 비교적 대칭을 이루는 크고 누런 무늬와 작은 점이 퍼져 있다. 어른벌레는 참나무류 진을 먹으며, 낮에는 진이 흐르는 나무 틈에 숨어 있다. 나무껍질이나 땅속, 볏짚 아래에서 어른벌레로 겨울잠을 잔다.

▫ 나무 진을 먹으러 기어간다.

큰납작밑빠진벌레

흑갈색 몸이 납작한 타원형이다. 가슴이 배보다 넓으며, 딱지날개에는 비교적 대칭을 이루는 적갈색 무늬가 있다. 어른벌레는 참나무류 진이 흐르는 곳에서 생활하며, 애벌레도 나무 진을 먹고 자란다.

**밑빠진벌레과
밑빠진벌레아과**

크기 6.5~9.5mm
사는 곳 활엽수림
나타나는 때 5~10월
움직이는 때 밤
겨울잠 어른벌레

밤나무에 붙어 있다.

고려나무쏘시기

나무쏘시기과

크기 12~16mm
사는 곳 활엽수림
나타나는 때 4~10월
움직이는 때 밤
겨울잠 어른벌레

길고 납작한 몸은 금속성 있는 구릿빛을 띤다. 딱지날개에는 세로로 길쭉한 돌기들이 있다. 온몸이 곰보처럼 거칠고, 딱지날개에 노란 점이 네 개 있다. 낮에는 진이 흐르는 활엽수 틈에 숨었다가 밤이 되면 나와서 진을 먹는다.

■ 머리가 크고 특이하다.(위)
■ 몸이 납작하여 좁은 틈에도 숨을 수 있다.(아래)

머리대장

다리와 더듬이를 제외하고 온몸이 붉다. 머리가 크고 몸이 납작하여 나무 틈에 잘 숨는다. 날씨가 좋고 기온이 높은 날에는 잘 날아다니며, 소나무 벌채목에서 자주 눈에 띈다.

머리대장과

크기 10~15mm
사는 곳 낮은 산, 평지
나타나는 때 4~8월
움직이는 때 낮
겨울잠 애벌레, 어른벌레

■ 버섯 아래에서 먹이를 먹으며 짝짓기 하는 모습.

톱니무늬버섯벌레

**버섯벌레과
무늬버섯벌레아과**

크기 5.5~7mm
사는 곳 낮은 산
나타나는 때 4~10월
움직이는 때 밤
겨울잠 어른벌레

몸은 광택이 나는 검은색이고, 어깨 쪽에 붉은 무늬가 있다. 버섯을 먹고 살며, 썩은 나무껍질 틈에 숨기를 좋아한다. 경계심이 강해 위협을 느끼면 다리와 더듬이를 숨기고 웅크린 채 움직이지 않는다. 활엽수 껍질 밑에서 어른벌레로 겨울잠을 잔다.

235

▫ 썩은 서어나무 속에서 겨울을 난다.

노랑줄왕버섯벌레

긴 타원형 몸이 검은색이다. 딱지날개에는 연녹색이나 파스텔 톤 녹색 무늬가 대칭을 이룬다. 버섯벌레 종류 가운데 큰 편이며, 나무에 핀 버섯을 갉아먹는다. 나무 속에서 겨울잠을 자는 모습이 관찰된다.

버섯벌레과
가는버섯벌레아과

크기 9~13mm
사는 곳 낮은 산
나타나는 때 4~10월
움직이는 때 낮
겨울잠 어른벌레

□ 죽은 참나무에 핀 버섯을 갉아먹는다.

**버섯벌레과
가는버섯벌레아과**

크기 9~13mm
사는 곳 낮은 산
나타나는 때 4~10월
움직이는 때 낮
겨울잠 어른벌레

털보왕버섯벌레

노랑줄왕버섯벌레와 생김새나 생태가 아주 비슷하나, 딱지날개에 있는 무늬가 붉은색이다. 어른벌레와 애벌레 모두 버섯을 먹으며, 죽은 참나무류 껍질 밑에서 여러 마리가 모여 어른벌레로 겨울을 난다.

◘ 겨울에 공원의 돌 밑에서 발견했다.

무당벌레붙이

무당벌레와 비슷하지만, 더듬이가 길다. 몸이 검고, 가슴은 붉은색이다. 딱지날개에는 검은색에 빨간 무늬가 있는 개체, 반대인 개체 등 변이가 많다. 낮에는 풀밭에서 활동하고, 밤이 되면 불빛에도 날아온다. 나무껍질이나 돌 밑에서 어른벌레로 겨울잠을 잔다.

무당벌레붙이과 어리무당벌레아과

크기 4.5~5mm
사는 곳 풀밭
나타나는 때 3~10월
움직이는 때 낮
겨울잠 어른벌레

□ 나무껍질 아래에서 겨울잠을 잔다.

쌍무늬검은무당벌레

**무당벌레과
애기무당벌레아과**

크기 2.6mm
사는 곳 평지
나타나는 때 5~8월
움직이는 때 낮
겨울잠 어른벌레

검은 몸이 둥글고 매우 작으며, 흰 잔털로 덮였다. 딱지날개에는 둥글고 붉은 점이 대칭을 이룬다. 주로 느티나무 껍질 사이에서 어른벌레로 겨울잠을 자고, 기온이 올라가면 활동한다.

◘ 짝짓기

대륙애기무당벌레

머리와 가슴은 갈색이고, 딱지날개는 검은색이다. 몸 전체가 잔털로 덮였다. 물푸레나무에서 주로 관찰된다. 나뭇잎 아래 붙어 있는 경우가 많으며, 크기가 작아 잘 보이지 않는다.

무당벌레과 어리무당벌레아과

크기 2mm
사는 곳 낮은 산
나타나는 때 4~7월
움직이는 때 낮
겨울잠 어른벌레

ㅁ 위협을 느꼈는지 나뭇잎에 웅크린 채 가만히 있다.

무당벌레과
홍점무당벌레아과

크기 3.6~4.3mm
사는 곳 낮은 산
나타나는 때 3~11월
움직이는 때 낮
겨울잠 어른벌레

애홍점박이무당벌레

몸은 광택이 나는 검은색이고, 딱지날개에 빨간 점이 한 쌍 있다. 어른벌레는 나무에 붙은 깍지벌레를 먹는다. 공원이나 아파트에 심어 놓은 사철나무 잎에서 자주 보인다.

- 버드나무 잎에 앉아 쉰다.(위)
- 낙엽 사이에서 겨울잠을 잔다.(아래)

남생이무당벌레

우리 나라 무당벌레 중 가장 크다. 몸은 광택이 나는 검은색이며, 빨간 무늬가 대칭을 이룬다. 버드나무에서 주로 활동하며, 버드나무잎벌레의 애벌레를 잡아먹는다. 만지면 냄새가 나는 빨간색 액체를 내뿜는다.

무당벌레과 무당벌레아과

크기 8~13mm
사는 곳 평지, 강가
나타나는 때 4~10월
움직이는 때 낮
겨울잠 어른벌레

□ 벚나무 가지 위를 기어다닌다.

**무당벌레과
무당벌레아과**

크기 7~9mm
사는 곳 낮은 산, 평지
나타나는 때 4~6월
움직이는 때 낮
겨울잠 어른벌레

달무리무당벌레

가슴이 희고, 딱지날개는 광택이 나는 적갈색이다. 가슴에 크고 검은 무늬가 뚜렷하며, 딱지날개에는 흰 점이 대칭을 이룬다. 봄부터 소나무에서 주로 볼 수 있으며, 왕진딧물을 잡아먹는다.

- 풀잎 위를 돌아다닌다.(위)
- 알(왼쪽)
- 애벌레(오른쪽)

칠성무당벌레

머리와 가슴은 검고, 딱지날개는 짙은 빨간색이다. 가슴에 흰 점이 있고, 딱지날개에는 크고 검은 점이 일곱 개 있다. 어른벌레와 애벌레 모두 진딧물의 천적이며, 알에서 어른벌레가 되기까지 2~3주밖에 걸리지 않는다.

무당벌레과
무당벌레아과

크기 5~8.5mm
사는 곳 평지, 풀밭
나타나는 때 3~11월
움직이는 때 낮
겨울잠 어른벌레

- 무리지어 겨울잠을 잔다.(위)
- 팽나무 껍질에 알을 낳는다.(가운데)
- 무늬 변이가 다양하다. (아래 왼쪽부터)

무당벌레과 무당벌레아과

크기 5~8mm
사는 곳 평지, 풀밭
나타나는 때 3~11월
움직이는 때 낮
겨울잠 어른벌레

무당벌레

몸은 반구형이고, 색이나 무늬는 개체마다 변이가 매우 심하다. 전국의 산과 들 어디에서나 쉽게 볼 수 있으며, 어른벌레와 애벌레 모두 진딧물을 먹는다. 어른벌레는 나무껍질 아래에서 무리지어 겨울잠을 자는데, 개체마다 변이가 심해서 여러 마리가 모여 있으면 알록달록하다.

◘ 팽나무 껍질 아래에서 겨울잠을 잔다.

큰황색가슴무당벌레

애홍점박이무당벌레와 비슷하지만 더 크고, 가슴에 흰 무늬가 뚜렷하다. 어른벌레는 팽나무나 느티나무 등의 껍질 밑에서 여러 마리가 모여 겨울잠을 잔다.

무당벌레과
무당벌레아과

크기 5.6~6.7mm
사는 곳 낮은 산
나타나는 때 3~11월
움직이는 때 낮
겨울잠 어른벌레

□ 물가 주변 돌 밑에서 겨울잠을 잔다.

열석점긴다리무당벌레

다른 무당벌레에 비해 몸이 길쭉하다. 몸빛이 황적색이나 노란색을 띠며, 가슴과 딱지날개에 검은 무늬가 대칭을 이룬다. 강변이나 습지 주변에서 주로 관찰되며, 애벌레와 어른벌레 모두 진딧물을 먹는다. 돌 밑에서 겨울잠을 잔다.

**무당벌레과
무당벌레아과**

크기 5.5~6mm
사는 곳 습지 주변
나타나는 때 4~8월
움직이는 때 낮
겨울잠 어른벌레

ㅁ 딱지날개 무늬가 특이하다.(위)
ㅁ 짝짓기(아래)

꼬마남생이무당벌레

크기가 매우 작다. 딱지날개는 대부분 황적색이고, 가슴과 딱지날개의 무늬가 다양하다. 산과 들에서 쉽게 볼 수 있으며, 어른벌레와 애벌레 모두 진딧물을 먹는다. 나무껍질 밑에서 어른벌레로 겨울잠을 잔다.

무당벌레과
무당벌레아과

크기 3~4.5mm
사는 곳 풀밭, 낮은 산
나타나는 때 3~11월
움직이는 때 낮
겨울잠 어른벌레

◘ 나무 기둥에 붙어 있다.

**무당벌레과
무당벌레아과**

크기 7~8.5mm
사는 곳 평지
나타나는 때 4~8월
움직이는 때 낮
겨울잠 알려지지 않음

긴점무당벌레

몸은 적갈색을 띠며, 가슴과 딱지날개에 희고 길쭉한 무늬가 있다. 이 무늬는 개체마다 다른 편이다. 이른 봄부터 활동하며, 낮에는 나뭇잎이나 나무 기둥에 붙어 쉬는 모습을 볼 수 있다.

◘ 잎 뒷면에서 쉰다.

노랑무당벌레

크기가 아주 작다. 머리와 가슴은 희고, 딱지날개는 노랗다. 가슴과 딱지날개 경계에 검은 점이 두 개 있다. 어른벌레는 주로 가중나무 잎에서 활동한다.

무당벌레과 무당벌레아과

크기 3mm 안팎
사는 곳 낮은 산
나타나는 때 4~9월
움직이는 때 낮
겨울잠 알려지지 않음

■ 몸이 볼록해서 수컷이 짝짓기 하는 게 버거워 보인다.

이십팔점박이무당벌레

**무당벌레과
무당벌레붙이아과**

크기 5.5~7mm
사는 곳 평지
나타나는 때 4~10월
움직이는 때 낮
겨울잠 애벌레, 어른벌레

딱지날개에 검은 점이 스물여덟 개 있어 붙은 이름이다. 반구형 몸이 적갈색이고, 짧은 털로 덮였다. 어른 벌레는 주로 감자 잎을 갉아먹어 감자 밭에 피해를 준다. 큰이십팔점박이무당벌레와 생김새와 생태가 매우 비슷하다.

◘ 꽃가루를 먹으러 왔다가 만나서 짝짓기를 한다.

꽃벼룩

검은 몸이 배 끝으로 갈수록 뾰족하다. 어른벌레는 찔레꽃, 개망초, 양지꽃 등 다양한 들꽃에 날아와 꽃가루를 먹는다. 전국 어디에서나 쉽게 볼 수 있다. 뒷다리가 길어 건드리거나 위협을 느끼면 톡 튀어올라 도망간다.

꽃벼룩과
꽃벼룩아과

크기 4.9~7.5mm
사는 곳 낮은 산, 풀밭
나타나는 때 5~7월
움직이는 때 낮
겨울잠 애벌레

◘ 봄에 산길에 나와 돌아다닌다.

거저리과
거저리아과

크기 7~9mm
사는 곳 낮은 산
나타나는 때 3~9월
움직이는 때 낮
겨울잠 어른벌레

제주거저리

몸은 흑남색이고, 가슴이 둥글넓적하다. 딱지날개에 세로줄이 있다. 전국의 숲이나 산길 등에서 자주 보이며, 주로 땅바닥에 돌아다니는 모습이 관찰된다.

◘ 밤이 되면 나무 위를 돌아다닌다.

산맴돌이거저리

머리는 작고 배가 뚱뚱하다. 몸은 광택 없는 검은색이고, 앞다리가 길게 발달했다. 어른벌레는 밤에 활동하며, 썩은 활엽수에서 짝짓기 하고 알을 낳는다. 애벌레는 썩은 나무를 파먹으며 자란다.

거저리과
거저리아과

크기 15~18mm
사는 곳 낮은 산, 평지
나타나는 때 5~9월
움직이는 때 밤
겨울잠 애벌레

◪ 썩은 나무에 붙어 있다.

거저리과 거저리아과

크기 18~20mm
사는 곳 낮은 산
나타나는 때 5~9월
움직이는 때 밤
겨울잠 애벌레

맴돌이거저리

타원형 몸은 광택이 강한 검은색이다. 딱지날개에 세로줄이 있고, 주로 밤에 썩은 나무에서 돌아다닌다. 애벌레는 썩은 나무를 먹는다.

◘ 바닷가 모래밭에 많다.

모래거저리

타원형 몸이 납작하다. 온몸이 광택 없는 검은색이다. 바닷가나 강가의 모래밭에서 여러 마리가 같이 보이고, 건드리면 다리를 웅크리고 죽은 척한다.

거저리과
거저리아과

크기 10~11mm
사는 곳 강가와 바닷가 모래밭
나타나는 때 4~10월
움직이는 때 밤
겨울잠 어른벌레

▫ 흙을 뒤집어쓴 모습이다. 흙바닥과 색도 비슷하다.

**거저리과
거저리아과**

크기 9mm 안팎
사는 곳 평지
나타나는 때 2~10월
움직이는 때 낮
겨울잠 어른벌레

진거저리

타원형 몸이 볼록하다. 딱지날개에 세로줄이 있고, 줄 사이로 불규칙한 돌기들이 있다. 봄부터 산이나 밭의 흙 위를 기어다녀 몸에 늘 흙이 묻어 있다. 경계심이 강하고, 건드리면 다리를 웅크린 채 움직이지 않는다.

- 크기가 쌀보다 작다.(위)
- 나무껍질 아래에서 겨울잠을 잔다.(아래)

거짓쌀도둑거저리

길쭉한 타원형 몸은 적갈색을 띠며, 매우 작다. 저장 곡식 중 특히 쌀에 피해를 준다. 집 안에서도 볼 수 있으며, 산이나 들판의 나무껍질 밑에 숨어 있다.

거저리과
거저리아과

크기 2~3mm
사는 곳 평지, 곳간
나타나는 때 3~12월
움직이는 때 낮
겨울잠 어른벌레

▫ 썩은 나무를 부수면 흔히 보이는 장면이다.

**거저리과
거저리아과**

크기 9~12.5mm
사는 곳 산
나타나는 때 1~12월
움직이는 때 밤
겨울잠 어른벌레

우묵거저리

길쭉한 타원형 몸은 광택 있는 검은색이나 적갈색을 띤다. 수컷은 앞가슴 부분이 들어가서 암수 구별이 쉽다. 어른벌레는 침엽수나 활엽수를 가리지 않고 다양한 나무 속에서 발견되며, 겨울에 썩은 나무를 부수면 여러 마리가 모여 겨울잠 자는 것을 볼 수 있다.

▫ 수컷은 뿔이 뚜렷하다.(위)
▫ 암컷은 뿔이 없다.(아래)

긴뿔거저리

광택 없는 검은 몸이 길쭉하다. 딱지날개에는 점으로 된 세로줄이 있다. 수컷은 머리에 길쭉한 뿔이 두 개 솟았다. 썩은 나무에서 보이고, 주로 남부 지방에서 발견된다.

**거저리과
거저리아과**

크기 12~15mm
사는 곳 평지, 낮은 산
나타나는 때 4~8월
움직이는 때 밤
겨울잠 어른벌레

▫ 썩은 소나무 껍질 아래 있다.

대왕거저리

**거저리과
거저리아과**

크기 24~26mm
사는 곳 남해안 섬의 해안가, 평지
나타나는 때 4~8월
움직이는 때 밤
겨울잠 어른벌레

거저리 중 가장 크다. 길쭉한 타원형 몸은 광택 없는 검은색이다. 앞다리 종아리마디는 안쪽으로 굽었고, 가운뎃다리와 뒷다리 종아리마디 가운데는 안쪽으로 살짝 굽었다. 제주도나 완도 등 남해안의 섬에서 보이며, 썩은 나무껍질 아래에서 여러 마리가 모여 있다.

◘ 모습이 호리병과 꼭 닮았다.

호리병거저리

몸은 가슴과 배 사이가 잘록한 게 호리병처럼 생겼고, 광택 있는 검은색이다. 넓적다리마디가 넓적하다. 낮에는 썩은 나무껍질 아래 숨었다가 밤이 되면 활동한다. 겨울잠은 썩은 나무 속에서 잔다.

거저리과
호리병거저리아과

크기 12~14mm
사는 곳 낮은 산
나타나는 때 3~9월
움직이는 때 밤
겨울잠 어른벌레

□ 몸집이 크고 길쭉하다.

극동긴맴돌이거저리

**거저리과
호리병거저리아과**

크기 17mm 안팎
사는 곳 낮은 산
나타나는 때 6~10월
움직이는 때 밤
겨울잠 애벌레

호리병거저리와 생김새가 비슷하나 비교적 크고, 다리와 몸이 더 길쭉하다. 딱지날개에 굵은 세로줄이 있다. 밤이 되면 활동을 시작하고, 나무에 붙어 있는 모습이 관찰된다.

◘ 참나무류 껍질 아래에서 겨울잠을 잔다.

금강산거저리

긴 타원형 몸이 검은색이다. 딱지날개 위쪽은 빨간 무늬가 대칭을 이루며, 끝 부분에는 작고 빨간 점이 있다. 어른벌레는 주로 버섯이 많이 핀 썩은 나무에서 버섯을 갉아먹고 산다. 참나무류 껍질 아래 여러 마리가 모여 겨울잠을 잔다.

**거저리과
르위스거저리아과**

크기 7~9mm
사는 곳 낮은 산
나타나는 때 5~9월
움직이는 때 밤
겨울잠 어른벌레

◘ 썩은 팽나무 속에서 겨울잠을 잔다.

구슬무당거저리

**거저리과
르위스거저리아과**

크기 10mm 안팎
사는 곳 낮은 산
나타나는 때 5~9월
움직이는 때 밤
겨울잠 어른벌레

타원형 몸이 검은색을 띤다. 딱지날개는 광택이 매우 강하고, 보는 각도에 따라 무지개처럼 아름다운 빛이 난다. 낮에는 주로 썩은 나무껍질 사이에 숨었다가 밤이 되면 활동한다.

▫ 버섯을 먹는 모습. 가슴에 붙은 것들은 진드기다.

르위스거저리

타원형 몸은 광택이 매우 강하다. 머리와 가슴은 검고, 딱지날개에는 검은 바탕에 굵고 빨간 가로줄이 있다. 어른벌레는 썩은 나무에 핀 버섯을 갉아먹는다.

거저리과
르위스거저리아과

크기 6~7mm
사는 곳 평지
나타나는 때 5~9월
움직이는 때 밤
겨울잠 어른벌레

◘ 불빛을 보고 날아왔다.

거저리과
Subfamily Coelometopinae

크기 7.8~12.5mm
사는 곳 평지, 낮은 산
나타나는 때 7~8월
움직이는 때 밤
겨울잠 애벌레

별거저리

몸이 아주 가늘고 길쭉해서 거저리처럼 보이지 않는다. 딱지날개에는 세로 홈이 깊이 파였다. 어른벌레는 죽은 활엽수에서 자주 보이며, 불빛에도 날아온다.

▫ 꽁꽁 언 썩은 소나무 속에서 겨울잠을 잔다.

묘향산거저리

넓고 납작한 몸은 흑갈색이며, 굵은 점으로 된 줄이 있어 울퉁불퉁하다. 가슴 테두리가 넓게 퍼져 특이하다. 어른벌레는 소나무에서 볼 수 있고, 썩은 소나무 속에서 어른벌레로 겨울잠을 잔다.

거저리과
잎벌레붙이아과

크기 6.5~8mm
사는 곳 낮은 산
나타나는 때 6~8월
움직이는 때 밤
겨울잠 어른벌레

▫ 썩은 나무 위를 돌아다닌다.

잎벌레붙이

거저리과 잎벌레붙이아과

크기 6~8mm
사는 곳 평지
나타나는 때 5~7월
움직이는 때 낮
겨울잠 알려지지 않음

광택 없는 몸이 흑갈색이며, 무른 편이다. 가지치기를 해서 쌓아 놓은 오래 된 나뭇가지에서 볼 수 있고, 죽은 나무의 썩은 부분을 먹는다. 어른벌레는 불빛에도 날아온다.

◘ 나뭇잎에 앉았다.

줄점잎벌레붙이

몸이 얇고 길쭉하다. 가슴만 붉은색이고, 나머지는 초록빛이 나는 검은색이다. 종아리마디가 안쪽으로 휘었으며, 낮에는 주로 나뭇잎에 앉아 쉰다.

거저리과
잎벌레붙이아과

크기 10~12mm
사는 곳 평지
나타나는 때 5~7월
움직이는 때 낮
겨울잠 알려지지 않음

▫ 나무에 붙어 느릿느릿 기어다닌다.(위)
▫ 나무에 붙은 번데기.(아래)

거저리과
잎벌레붙이아과

크기 14~19mm
사는 곳 산, 평지
나타나는 때 5~9월
움직이는 때 낮
겨울잠 애벌레, 번데기

큰남색잎벌레붙이

어두운 청색 몸에 짧고 흰 털이 덮였다. 딱지날개는 살짝 눌러도 들어갈 만큼 물렁물렁하다. 어른벌레는 잘 움직이지 않고, 행동이 매우 느리다.

◘ 날아갈 자세를 잡는다.

노랑썩덩벌레

온몸이 노랗고, 다리 관절 부분과 더듬이는 검다. 낮에 야트막한 산이나 풀밭의 다양한 꽃에 날아와 꽃가루를 먹는다.

거저리과
썩덩벌레아과

크기 10~14mm
사는 곳 평지, 풀밭
나타나는 때 4~9월
움직이는 때 낮
겨울잠 알려지지 않음

▫ 이름에 걸맞게 뒷다리가 알통처럼 굵다.

알통다리하늘소붙이

**하늘소붙이과
하늘소붙이아과**

크기 8~12mm
사는 곳 풀밭, 낮은 산
나타나는 때 4~6월
움직이는 때 낮
겨울잠 애벌레

머리와 딱지날개는 청록색이고, 가슴은 붉다. 봄에 피는 양지꽃이나 민들레 등의 꽃가루를 먹는다. 수컷은 뒷다리 넓적다리마디가 유난히 부풀어서 암수 구별이 쉽다.

◘ 암컷은 더듬이가 곧다.(위)
◘ 수컷은 더듬이가 넓다.(아래)

먹가뢰

몸 전체가 광택 없는 검은색이고, 머리는 눈 뒤쪽으로 빨갛다. 일부 지역에서 딱지날개 테두리에 연회색 줄이 있는 개체들이 보인다. 수컷은 더듬이 3~6번째 마디가 넓고, 암컷은 곧다. 풀밭이나 낮은 산에 많이 보이며, 칡이나 콩과 식물을 주로 뜯어 먹는다.

가뢰과
가뢰아과

크기 14~20mm
사는 곳 평지, 낮은 산
나타나는 때 5~7월
움직이는 때 낮
겨울잠 애벌레

□ 몸빛이 화려하다. 아까시 잎에 앉아 쉰다.

가뢰과
가뢰아과

크기 18~20mm
사는 곳 평지, 낮은 산
나타나는 때 5~6월
움직이는 때 낮
겨울잠 애벌레

청가뢰

몸 전체가 광택 있는 초록색이나 푸른색을 띤다. 아까시 꽃이 필 때가 되면 아까시나무 꼭대기 주변을 날아다닌다. 어른벌레는 콩과 식물에 붙어서 먹이 활동과 짝짓기를 한다. 애벌레는 풍뎅이류의 애벌레에 기생하는 것으로 알려졌다.

- 낙엽에 앉아 쉰다.(위)
- 수컷은 더듬이 가운데가 넓적하다.(아래)

애남가뢰

추위에 강해 10~11월에도 활동한다. 딱지날개가 울퉁불퉁한 남가뢰와 달리 애남가뢰는 비교적 매끈한 느낌이며, 크기가 작고 몸빛도 푸른빛이 강하다. 수컷은 더듬이 가운데가 넓게 발달해 암수 구별이 쉽다.

가뢰과
가뢰아과

크기 8~20mm
사는 곳 평지, 낮은 산
나타나는 때 10월~이듬해 3월
움직이는 때 낮
겨울잠 어른벌레

- 쑥을 먹는 수컷(위)
- 배가 뚱뚱한 암컷(왼쪽)
- 건드리면 죽은 척한다. 다리마디에 나온 노란 액체가 칸타리딘이다.(오른쪽)

가뢰과
가뢰아과

크기 11~27mm
사는 곳 낮은 산
나타나는 때 3~5월
움직이는 때 낮
겨울잠 어른벌레

둥글목남가뢰

이름처럼 몸이 짧고 둥글다. 봄에 다양한 풀을 뜯어 먹는다. 암컷이 수컷보다 크며, 작은 수컷은 짧은 딱지날개가 배를 다 덮기도 한다. 남가뢰류는 위협을 느끼면 죽은 척하며 다리마디에서 독이 있는 노란 액체(칸타리딘)를 낸다. 칸타리딘은 부드러운 살에 묻으면 물집이 생길 정도로 독성이 강하다.

- 홍날개가 잔뜩 달라붙었다.(위)
- 짝짓기. 암컷이 새끼를 업고 다니는 것처럼 보인다.(아래)

남가뢰

이른 봄에 나오는 곤충 가운데 하나다. 남가뢰 종류는 날개가 퇴화되어 땅을 기어다니면서 쑥과 같이 봄에 나는 풀을 뜯어 먹는다. 수컷은 더듬이 가운데 부분이 바깥쪽으로 굽었다. 암컷이 수컷보다 크며, 짝짓기 후 땅을 파고 5000개 정도 알을 낳는다.

가뢰과
가뢰아과

크기 14~30mm
사는 곳 평지
나타나는 때 3~5월
움직이는 때 낮
겨울잠 어른벌레

▫ 꽃가루를 먹는다.

네눈박이가뢰

머리와 가슴은 검은색이고, 붉은 딱지날개에 점이 네 개 있다. 다른 가뢰류와 달리 꽃에 잘 날아온다.

**가뢰과
가뢰아과**

크기 9~12mm
사는 곳 산
나타나는 때 5~6월
움직이는 때 낮
겨울잠 알려지지 않음

▫ 불빛에 날아와 기어다닌다.

황가뢰

몸 전체가 황색을 띠는데, 눈이 유난히 크고 새까맣다. 다리는 종아리마디부터 검다. 암컷이 수컷보다 크고 뚱뚱하다. 만지면 죽은 척하며, 어른벌레는 불빛에 날아오기도 한다.

가뢰과
고려가뢰아과

크기 9~22mm
사는 곳 산
나타나는 때 6~8월
움직이는 때 낮
겨울잠 알려지지 않음

- 봄이 되면 들판에서 많이 보인다.(위)
- 둥글목남가뢰에 붙어 칸타리딘을 먹는다.(아래)

홍날개

홍날개과
홍날개아과

크기 7~10mm
사는 곳 낮은 산, 풀밭
나타나는 때 3~5월
움직이는 때 낮
겨울잠 애벌레

가슴과 딱지날개는 붉은색이고, 짧은 털이 있다. 더듬이는 톱니 모양이다. 칸타리딘을 먹기 위해 남가뢰류 몸에 붙어 있는 모습이 자주 눈에 띈다. 어른벌레는 봄부터 활동하며, 애벌레는 썩은 활엽수의 껍질 밑에서 볼 수 있다.

◘ 때죽나무 꽃에 날아와 꽃가루를 먹는다.

목대장

몸과 다리가 가늘고 길며, 머리는 작다. 몸빛은 황갈색부터 검은색에 가까운 색까지 다양하며, 짧은 털이 덮였다. 낮에는 꽃에 모이거나, 풀 줄기에 앉아 쉰다. 밤에는 불빛에도 날아온다.

목대장과 목대장아과
크기 12~14mm
사는 곳 풀밭, 낮은 산
나타나는 때 5~6월
움직이는 때 낮
겨울잠 애벌레

□ 앞가슴등판의 노란털뭉치가 인상적인 수컷 장수하늘소.(위)
□ 암컷은 큰턱이 짧고 날카롭다.(아래)

장수하늘소

하늘소과
톱하늘소아과

크기 85~120mm
사는 곳 산, 숲
나타나는 때 7~8월
움직이는 때 밤
겨울잠 애벌레

우리 나라에서 가장 큰 곤충으로, 온몸이 흑갈색이다. 딱지날개는 황갈색 털로 덮였으며, 가슴에는 털이 뭉친 노란 점이 있다. 수컷은 턱이 매우 크고 날카롭다. 암컷은 신갈나무와 서어나무 등 활엽수의 고사목에 알을 낳으며, 애벌레는 죽은 나무 속을 파먹는다. 천연기념물 218호로 지정되어 있다.

- 나무에 붙어 쉬는 수컷(위)
- 나무껍질 틈에 산란관을 꽂고 알을 낳는 암컷(아래)

버들하늘소

전국 어느 곳에서나 흔히 볼 수 있는 하늘소다. 밤에 다양한 활엽수에 붙어 있다. 수컷은 더듬이가 굵은 반면, 암컷은 더듬이가 가늘고 배에는 산란관이 나와 있다. 산란관을 나무껍질 틈에 꽂고 알을 낳는다.

하늘소과 톱하늘소아과

크기 30~55mm
사는 곳 낮은 산
나타나는 때 5~9월
움직이는 때 밤
겨울잠 애벌레

▫ 수컷은 더듬이가 톱날처럼 생겼다.

톱하늘소

**하늘소과
톱하늘소아과**

크기 23~48mm
사는 곳 산
나타나는 때 5~9월
움직이는 때 밤
겨울잠 애벌레

몸이 검은 개체도 있고, 갈색인 개체도 있다. 가슴에는 날카로운 돌기가 있고, 수컷은 더듬이가 굵고 톱날처럼 생겼다. 성질이 급해 가만히 있지 못하고 정신없이 돌아다닌다. 불빛에도 날아온다.

▫ 딱지날개가 배를 다 덮지 못한다. 배가 뚱뚱한 암컷.

반날개하늘소

딱지날개가 배를 반밖에 덮지 못해서 붙은 이름이다. 어른벌레는 뒷다리 종아리마디가 넓적하다. 암컷의 배와 몸집이 수컷보다 크다. 서어나무 등에 알을 낳고, 애벌레는 나무 속을 파먹는다. 나무 속에서 애벌레나 어른벌레로 겨울잠을 잔다.

**하늘소과
톱하늘소아과**

크기 19~30mm
사는 곳 산
나타나는 때 6~8월
움직이는 때 낮
겨울잠 애벌레, 어른벌레

◘ 죽은 소나무에 날아와 돌아다닌다.

하늘소과 검정하늘소아과

크기 12~25mm
사는 곳 평지, 산
나타나는 때 5~9월
움직이는 때 밤
겨울잠 애벌레

검정하늘소

몸은 광택 없는 검은색이다. 더듬이가 매우 짧고, 턱은 몸에 비해 크고 굵다. 소나무에 알을 낳으며, 불빛을 워낙 좋아해 많은 개체들이 날아온다.

▫ 불빛을 보고 날아왔다.

큰넓적하늘소

넓고 길쭉한 몸이 흑갈색이며, 딱지날개는 잔털로 덮였다. 어른벌레는 소나무 벌채목에서 볼 수 있으며, 불빛에도 잘 날아오는 편이다.

하늘소과 넓적하늘소아과

크기 12~27mm
사는 곳 평지, 산
나타나는 때 6~9월
움직이는 때 밤
겨울잠 애벌레

◘ 몸빛이 검은 개체(위)
◘ 개체마다 몸빛과 크기가 다르다.(아래)

작은넓적하늘소

검은색과 갈색 등 몸빛이 다른 개체들이 있으며, 광택은 없다. 암수 모두 더듬이가 짧다. 낮에는 잘린 소나무 아래 붙어 있는 경우가 많다. 소나무 벌채목에서 쉽게 볼 수 있다.

하늘소과
넓적하늘소아과

크기 9~22mm
사는 곳 산, 평지
나타나는 때 6~8월
움직이는 때 낮, 밤
겨울잠 애벌레

◘ 더듬이가 짧아 다른 곤충 같다.

소나무하늘소

생김새가 다른 하늘소류와 다르다. 소나무 벌채목에 잘 모이며, 소나무에 알을 낳는다. 애벌레는 소나무를 파먹고 자란다. 번데기가 될 무렵 소나무 껍질 바로 밑에 길고 둥근 방을 만들며, 그 안에서 어른벌레가 되어 겨울잠을 잔다.

하늘소과 꽃하늘소아과

크기 9~20mm
사는 곳 산, 평지
나타나는 때 4~7월
움직이는 때 낮
겨울잠 어른벌레

◘ 노린재나무 꽃에 날아와 꽃가루를 먹는다.

고운산하늘소

하늘소과
꽃하늘소아과

크기 16~23mm
사는 곳 산
나타나는 때 5~7월
움직이는 때 낮
겨울잠 애벌레

고도가 높은 산에서 발견된다. 봄에 피는 흰 꽃에 주로 모이며, 몸이 넓적하고 무거워 꽃에 앉으면 꽃이 처진다. 암수가 비슷하게 생겼으며, 개체 수가 적어 관찰하기 어렵다.

◘ 흰 꽃 주변에서 특히 많이 보인다.

남풀색하늘소

몸빛은 광택이 나는 남색이다. 가슴이 좁고, 딱지날개는 넓적하다. 꽃을 좋아하여 봄에 피는 다양한 꽃을 찾아 이리저리 날아다니며 꽃가루를 먹는다.

**하늘소과
꽃하늘소아과**

크기 6~8mm
사는 곳 풀밭, 낮은 산
나타나는 때 4~7월
움직이는 때 낮
겨울잠 애벌레

■ 더듬이를 앞으로 쭉 뻗었다.

하늘소과 꽃하늘소아과

크기 9~13mm
사는 곳 산
나타나는 때 5~7월
움직이는 때 낮
겨울잠 애벌레

청동하늘소

몸이 금속성 구릿빛을 띠고, 작은 점으로 된 줄이 있어 거칠다. 더듬이가 머리 가운데에서 두 갈래로 나오는 모양이다. 가지치기한 가는 나뭇가지에 날아온다.

❏ 땅 속에서 기어 나와 갈매나무 잎에서 쉬는 모습.

우리꽃하늘소

몸은 광택 없는 붉은색이다. 가슴이 작고 둥글며, 배는 길쭉하다. 어른벌레는 갈매나무에 알을 낳고, 애벌레는 그 뿌리를 먹고 자란다. 번데기 방은 뿌리 근처 땅 속에 만들고, 어른벌레로 탈바꿈하면 땅을 뚫고 나온다.

하늘소과
꽃하늘소아과

크기 10~16mm
사는 곳 산
나타나는 때 5~7월
움직이는 때 낮
겨울잠 애벌레

▫ 노린재나무 꽃에 날아와 꽃가루를 먹는다.

**하늘소과
꽃하늘소아과**

크기 6~9mm
사는 곳 산
나타나는 때 5~8월
움직이는 때 낮
겨울잠 애벌레

노랑각시하늘소

몸이 가늘고 길쭉하며, 전체적으로 노란색을 띠는데 눈만 검다. 딱지날개가 접히는 가운데 부분에 줄무늬가 있다. 봄부터 다양한 꽃에 모인다.

◨ 딱지날개에 줄 무늬가 선명하다.

줄각시하늘소

몸이 가늘고 길쭉하다. 머리와 가슴은 검고, 딱지날개는 검은 바탕에 황갈색 세로 줄무늬가 있는데 개체마다 변이가 심한 편이다. 산에 피는 다양한 꽃에 날아와 꽃가루를 먹는다.

하늘소과 꽃하늘소아과

크기 8~13mm
사는 곳 산
나타나는 때 5~7월
움직이는 때 낮
겨울잠 애벌레

◘ 꽃가루를 먹으러 왔다가 짝짓기를 한다.

넉점각시하늘소

**하늘소과
꽃하늘소아과**

크기 4~6mm
사는 곳 산, 평지
나타나는 때 5~8월
움직이는 때 낮
겨울잠 애벌레

몸이 아주 작고 적갈색을 띤다. 딱지날개에는 크고 검은 무늬가 있으며, 그 안에 흰 무늬 네 개가 뚜렷하다. 어른벌레는 봄부터 산에 피는 여러 가지 꽃의 꽃가루를 먹는다. 넉점각시하늘소, 줄각시하늘소, 노랑각시하늘소 등은 생태적 습성과 나타나는 때가 비슷하다.

▫ 딱지날개 테두리에 검은 띠가 선명하다.

옆검은산꽃하늘소

머리와 가슴은 검은색에 가깝고, 적갈색 딱지날개 테두리에 검은 띠가 뚜렷해 붙은 이름이다. 전국 어디에서나 볼 수 있으며, 다양한 꽃의 꽃가루를 먹는다.

하늘소과 꽃하늘소아과

크기 8~13mm
사는 곳 평지, 낮은 산
나타나는 때 5~7월
움직이는 때 낮
겨울잠 애벌레

◘ 팽나무 잎에 앉아 쉰다.

붉은산꽃하늘소

하늘소과
꽃하늘소아과

크기 12~22mm
사는 곳 낮은 산
나타나는 때 7~9월
움직이는 때 낮
겨울잠 애벌레

머리는 검고, 가슴과 딱지날개는 붉은색을 띤다. 더듬이는 톱니 모양이고, 다리는 검지만 종아리마디가 갈색 털로 덮였다. 어른벌레는 여름에 나와 꽃에 날아와서 먹이 활동과 짝짓기를 하고, 죽은 소나무에 알을 낳는다. 애벌레는 소나무 속을 파먹고 자란다.

◘ 꽃에 날아온 암컷.

홍가슴꽃하늘소

붉은산꽃하늘소와 비슷하나 더 크고 광택이 있으며, 높은 산에서 주로 관찰된다. 몸빛은 개체에 따라 붉은색도 있고, 검은색에 가까운 것도 있다. 암컷이 수컷보다 크며, 꽃가루를 먹고 산다.

**하늘소과
꽃하늘소아과**

크기 18~30mm
사는 곳 산
나타나는 때 7~8월
움직이는 때 낮
겨울잠 애벌레

▫ 딱지날개의 무늬가 벌과 흡사하다.(위)
▫ 짝짓기(아래)

긴알락꽃하늘소

몸이 가늘고 길쭉하며, 딱지날개에는 노란 무늬가 대칭을 이룬다. 어른벌레는 봄부터 활동하고, 다양한 꽃의 꽃가루를 먹는다. 딱지날개의 노란 무늬와 꽃에 모이는 습성이 벌과 비슷해 천적에게서 몸을 보호한다.

하늘소과
꽃하늘소아과

크기 12~18mm
사는 곳 풀밭, 산
나타나는 때 5~8월
움직이는 때 낮
겨울잠 애벌레

▫ 온몸에 꽃가루가 묻었다.

열두점박이꽃하늘소

몸이 검고, 딱지날개에 노란 무늬가 열두 개 있어서 붙은 이름이다. 무늬는 변이가 있어 개수가 다른 개체도 있다. 어른벌레는 산과 들에 핀 다양한 꽃의 꽃가루를 먹는다.

하늘소과
꽃하늘소아과

크기 11~15mm
사는 곳 낮은 산
나타나는 때 6~8월
움직이는 때 낮
겨울잠 애벌레

▫ 수컷은 뒷다리가 알통처럼 볼록하다.

**하늘소과
꽃하늘소아과**

크기 11~17mm
사는 곳 평지, 낮은 산
나타나는 때 5~8월
움직이는 때 낮
겨울잠 애벌레

알통다리꽃하늘소

수컷의 뒷다리 넓적다리마디가 유난히 볼록해서 붙은 이름이다. 머리와 가슴은 검은색이고, 배가 넓적하다. 딱지날개는 붉은색을 띠며, 검은색 크고 작은 점 열 개가 대칭을 이룬다. 산에 피는 다양한 꽃의 꽃가루를 먹는다.

◘ 짝짓기

깔따구꽃하늘소

몸이 가늘고, 딱지날개는 길쭉한 역삼각형이다. 머리와 가슴은 검은색이고, 딱지날개는 금속성 고동색이다. 산에 핀 흰 꽃들의 꽃가루를 먹고, 꽃 위에서 짝짓기를 한다.

하늘소과
꽃하늘소아과

크기 11~15mm
사는 곳 산, 평지
나타나는 때 5~8월
움직이는 때 낮
겨울잠 애벌레

□ 나뭇가지보다 가늘다.

하늘소과
하늘소아과

크기 11~15mm
사는 곳 산
나타나는 때 6~8월
움직이는 때 밤
겨울잠 애벌레

홀쭉하늘소

가늘고 길쭉한 원통 모양으로, 몸에 비해 다리가 가늘고 길다. 몸빛은 살색과 비슷하고, 딱지날개에 흰색과 갈색 무늬들이 있다. 애벌레는 죽은 생강나무 속을 파먹고 자라며, 어른벌레는 불빛에 날아온다.

▫ 자귀나무에 알을 낳으러 온 암컷

청줄하늘소

몸빛은 적갈색이고, 가슴과 딱지날개에 광택이 나는 청록색 줄무늬가 있다. 딱지날개는 무른 편이다. 수컷은 암컷보다 더듬이가 길고, 가운뎃다리가 매우 굵고 길다. 애벌레는 자귀나무 속을 파먹고 자란다. 어른벌레는 죽어 가는 자귀나무에서 볼 수 있으며, 불빛에 잘 날아온다.

하늘소과
하늘소아과

크기 15~35mm
사는 곳 평지, 낮은 산
나타나는 때 6~8월
움직이는 때 밤
겨울잠 애벌레

◩ 반쯤 죽은 벚나무에서 발견했다.

**하늘소과
하늘소아과**

크기 12~19mm
사는 곳 낮은 산
나타나는 때 5~8월
움직이는 때 밤
겨울잠 애벌레

작은하늘소

온몸이 갈색 잔털로 덮였고, 잔털이 빠지면 적갈색을 띤다. 딱지날개 색이 가장 밝다. 어른벌레는 종종 낮에도 밤꽃에 모이고, 밤에는 밤나무와 느티나무, 벚나무의 썩은 부분에 붙어 있거나 불빛에 날아온다.

◘ 짝짓기

하늘소

몸집이 큰 편에 속하는 하늘소다. 온몸이 황갈색 잔털로 덮였으며, 잔털이 빠지면 흑갈색을 띤다. 수컷은 암컷에 비해 더듬이가 훨씬 길다. 애벌레는 밤나무 속을 파먹고 자란다.

하늘소과
하늘소아과

크기 34~57mm
사는 곳 평지, 낮은 산
나타나는 때 6~8월
움직이는 때 밤
겨울잠 애벌레

■ 낮에 나뭇잎에 앉아 쉰다.

네눈박이하늘소

딱지날개에 누르스름한 점이 네 개 있어 붙은 이름이다. 몸이 가늘고 길쭉하며, 적갈색을 띤다. 넓적다리마디가 알통처럼 생겼다. 낮에는 꽃에 날아오기도 하고, 밤이 되면 불빛에 날아온다.

하늘소과
하늘소아과

크기 8~14mm
사는 곳 산
나타나는 때 5~8월
움직이는 때 낮
겨울잠 애벌레

□ 복숭아 과수원에 피해를 준다.(위)
□ 복숭아나무 속을 파먹는 애벌레.(아래)

벚나무사향하늘소

가슴만 빨갛고, 몸 전체가 광택이 강한 흑남색이다. 복숭아나무와 벚나무, 자두나무에 알을 낳는다. 애벌레는 나무 속을 파먹는데, 애벌레가 파먹기 시작한 나무는 서서히 죽는다. 어른벌레는 잡으면 사향 냄새를 풍긴다.

하늘소과 하늘소아과

크기 25~40mm
사는 곳 평지, 낮은 산
나타나는 때 6~8월
움직이는 때 낮
겨울잠 애벌레

- 꽃가루를 먹는다.(위)
- 붉은빛이 나는 개체(왼쪽)
- 짝짓기(오른쪽)

**하늘소과
하늘소아과**

크기 15~26mm
사는 곳 산, 평지
나타나는 때 5~8월
움직이는 때 낮
겨울잠 애벌레

깔따구풀색하늘소

몸이 가늘고 길쭉하며, 뒷다리가 유독 길다. 보통 광택이 나는 녹색인데, 붉은색이나 두 가지 색이 조금씩 섞인 변이도 많다. 어른벌레는 봄부터 나오고, 흰 꽃에 잘 날아들어 꽃가루를 먹는다. 참나무 벌채목에 알을 낳는다.

□ 사상자 군락지에서 만났다.

범하늘소

길쭉한 타원형으로, 검은 바탕에 회색 무늬가 있는데 변이가 매우 많다. 어른벌레는 꽃에 날아와 꽃가루를 먹기도 하고, 죽은 나뭇가지에 날아와 돌아다니기도 한다. 범하늘소류는 생김새가 비슷한 종이 많다.

하늘소과
하늘소아과

크기 8~16mm
사는 곳 평지, 풀밭
나타나는 때 6~8월
움직이는 때 낮
겨울잠 애벌레

헷갈리기 쉬운 범하늘소들

가시수염범하늘소

작은호랑하늘소

꼬마긴다리범하늘소

산흰줄범하늘소

▫ 향나무 껍질 아래에서 겨울잠을 자는 수컷.(위)
▫ 암컷은 딱지날개가 적갈색이다.(아래)

애청삼나무하늘소

몸이 납작하다. 암수 모두 머리와 가슴이 검은데, 암컷은 딱지날개가 적갈색이고 수컷은 어깨 부분만 제외하고 청람색을 띤다. 어른벌레는 향나무 벌채목에 날아와 짝짓기 하고 알을 낳는다. 겨울에 향나무 껍질을 벗기면 애벌레나 어른벌레로 겨울잠 자는 모습을 볼 수 있다.

하늘소과
하늘소아과

크기 6~13mm
사는 곳 낮은 산, 평지
나타나는 때 3~7월
움직이는 때 낮
겨울잠 애벌레, 어른벌레

◘ 낮에 여기저기 돌아다닌다.

홀쭉범하늘소

하늘소과
하늘소아과

크기 11~15mm
사는 곳 평지, 낮은 산
나타나는 때 6~8월
움직이는 때 낮
겨울잠 애벌레

온몸이 황록색 털로 덮였고, 딱지날개에는 검은 무늬가 있다. 남부 지방의 섬 쪽에서 비교적 많이 보인다. 어른벌레는 꽃에 날아와 꽃가루를 먹고, 죽어 가는 팽나무나 느티나무에 알을 낳는다.

■ 겨울에 썩은 팽나무 속에서 어른벌레를 만났다.

넓은홍호랑하늘소

원통형 몸이 검은색이고, 가슴에는 큰 적갈색 점이 하나 있다. 딱지날개 위쪽에 굵고 붉은 무늬가, 아래쪽에 가늘고 노란 무늬가 두 개 있다. 애벌레는 썩은 팽나무를 갉아먹는다. 겨울에 썩은 팽나무나 풍게나무를 부수면 어른벌레를 볼 수 있다.

하늘소과
하늘소아과

크기 15~19mm
사는 곳 산
나타나는 때 4~8월
움직이는 때 낮
겨울잠 애벌레, 어른벌레

▫ 죽은 활엽수에 날아왔다.(위)
▫ 썩은 참나무 속에서 갓 탈바꿈한 어른벌레.(아래)

벌호랑하늘소

**하늘소과
하늘소아과**

크기 8~19mm
사는 곳 평지, 낮은 산
나타나는 때 5~8월
움직이는 때 낮
겨울잠 애벌레

검은 몸에 털이 매우 많다. 머리와 가슴, 배에 노란 띠가 있다. 어른벌레는 꽃에 날아와서 꽃가루를 먹기도 하는데, 보통 다양한 활엽수 벌채목에서 볼 수 있다.

▫ 참나무 벌채목에 날아와 짝을 찾는다.

소범하늘소

원통형 몸이 검다. 머리는 노랗고, 딱지날개에 적갈색과 노란색 무늬가 있다. 다리는 갈색인데 넓적다리마디에만 검은 띠가 있다. 어른벌레는 주로 참나무 벌채목에 날아오고, 암컷은 참나무 껍질 사이에 산란관을 꽂고 알을 낳는다. 비슷한 종으로는 작은소범하늘소가 있다.

하늘소과
하늘소아과

크기 11~16mm
사는 곳 낮은 산, 평지
나타나는 때 5~8월
움직이는 때 낮
겨울잠 애벌레

◘ 가로등 불빛에 날아와서 근처 나무에 붙어 있다.

세줄호랑하늘소

하늘소과 하늘소아과

크기 10~24mm
사는 곳 산
나타나는 때 6~9월
움직이는 때 낮
겨울잠 애벌레

머리와 가슴은 검고, 갈색 딱지날개에 흰 무늬가 있다. 어른벌레는 주로 죽은 참나무류에 날아와 짝짓기 하고 알을 낳는다. 밤에는 불빛에도 날아온다.

▫ 짝짓기

별가슴호랑하늘소

더듬이 끝마디가 희고, 가슴에 흰 점이 있다. 딱지날개는 갈색이고, 흰 무늬가 있다. 어른벌레는 나무에 기어다닐 때 더듬이를 흔들면서 벌 흉내를 낸다. 암컷은 참나무 벌채목에 알을 낳는다.

하늘소과
하늘소아과

크기 9~17mm
사는 곳 평지, 낮은 산
나타나는 때 6~8월
움직이는 때 낮
겨울잠 애벌레

▫ 참나무 벌채목에 붙어 있다.

홍가슴호랑하늘소

하늘소과
하늘소아과

크기 9~13mm
사는 곳 평지, 낮은 산
나타나는 때 6~9월
움직이는 때 낮
겨울잠 애벌레

가슴이 빨개서 붙은 이름이다. 머리와 딱지날개는 검고, 딱지날개에 흰 무늬가 있다. 어른벌레는 주로 참나무 벌채목 주변에 날아와 짝짓기 하고 알을 낳는다. 포도호랑하늘소와 생김새가 비슷하다.

□ 짝짓기

먹주홍하늘소

몸이 검고, 어깨와 딱지날개 테두리에 빨간 무늬가 선명하다. 어른벌레는 잘 날아다니며, 벌채한 떡갈나무 숲에서 많이 보인다. 잘린 떡갈나무 밑동에서 새 줄기가 뻗어 잎이 나온 곳에 많이 발생한다.

하늘소과
하늘소아과

크기 14~18mm
사는 곳 낮은 산
나타나는 때 5~6월
움직이는 때 낮
겨울잠 애벌레

▫ 딱지날개에 중절모 무늬가 선명하다.

**하늘소과
하늘소아과**

크기 17~23mm
사는 곳 낮은 산, 평지
나타나는 때 5~6월
움직이는 때 낮
겨울잠 어른벌레

모자주홍하늘소

가슴과 딱지날개가 빨간색이고, 딱지날개에 중절모 모양 무늬가 있어서 붙은 이름이다. 가슴의 점과 딱지날개의 무늬는 없는 개체도 있으며, 모자 무늬도 개체마다 조금씩 다르다. 어른벌레는 사과나무와 신나무, 복숭아나무 꽃에 모이고, 먹주홍하늘소와 함께 떡갈나무 잎을 먹는 모습도 관찰된다.

▫ 대숲에 산다.(위)
▫ 대나무 속에서 겨울잠을 자는 어른벌레.(아래)

주홍하늘소

배와 다리는 검고, 가슴과 딱지날개는 빨간색이며, 가슴에 검은 점이 있다. 남쪽 지방에서 주로 보이며, 어른벌레는 꽃에 날아오고, 대나무에 알을 낳는다. 애벌레는 대나무를 파먹고 자라는데, 겨울에 대숲에서 죽은 대나무를 부수면 어른벌레와 애벌레를 볼 수 있다.

하늘소과
하늘소아과

크기 13~17mm
사는 곳 평지, 대나무 숲
나타나는 때 4~5월
움직이는 때 낮
겨울잠 애벌레, 어른벌레

□ 가로등 불빛에 날아왔다.

깔따구하늘소

하늘소과
깔따구하늘소아과

크기 20~30mm
사는 곳 낮은 산
나타나는 때 6~9월
움직이는 때 밤
겨울잠 애벌레

가늘고 길쭉한 몸이 갈색이며, 옅은 회색 가루가 덮였다. 몸에 비해 다리가 긴 편이며, 자세히 보면 더듬이에 긴 털이 있다. 어른벌레는 불빛에 잘 날아오는 편이다.

◘ 죽은 참나무와 몸빛이 비슷하다.

깨다시하늘소

몸이 짧고 뚱뚱하며, 노란색과 회색, 검은색 등이 뒤섞여 얼룩덜룩하고 복잡한 무늬가 있다. 어른벌레는 주로 활엽수 벌채목에서 볼 수 있다. 경계심이 강해 위협을 느끼면 다리를 모으고 땅으로 떨어진다.

하늘소과
목하늘소아과

크기 10~17mm
사는 곳 낮은 산
나타나는 때 4~7월
움직이는 때 낮
겨울잠 애벌레

▫ 불빛을 보고 날아왔다. 빨간 점처럼 보이는 것은 몸에 붙은 진드기다.

**하늘소과
목하늘소아과**

크기 10~18mm
사는 곳 낮은 산
나타나는 때 6~8월
움직이는 때 밤
겨울잠 애벌레

흰깨다시하늘소

깨다시하늘소와 생김새가 비슷하지만, 비교적 길쭉하고 전체적으로 흰색이 섞였다. 크기가 다양하고, 흰 무늬도 변이가 심하다. 어른벌레는 죽은 활엽수에 날아와 짝짓기 하고 알을 낳는다. 밤에는 불빛에 잘 모여든다.

▫ 짝짓기

나도오이하늘소

길쭉한 몸이 적갈색이며, 딱지날개에 흰 점이 불규칙하게 퍼져 있다. 애벌레와 어른벌레 모두 하눌타리에서 볼 수 있으며, 애벌레는 하눌타리 줄기 속을 파먹고 자란다.

하늘소과
목하늘소아과

크기 5~7mm
사는 곳 평지
나타나는 때 6~8월
움직이는 때 낮
겨울잠 애벌레

◘ 나무 색과 비슷하다.

하늘소과
목하늘소아과

크기 6~8mm
사는 곳 평지
나타나는 때 6~7월
움직이는 때 낮
겨울잠 애벌레

우리하늘소

몸이 긴 원통형으로, 광택 없는 갈색이다. 딱지날개에는 흰 점 한 쌍이 대칭을 이룬다. 어른벌레는 주로 죽은 나뭇가지에서 관찰할 수 있으며, 가지에 붙어 있을 때는 더듬이를 뒤로 넘겨 최대한 몸에 밀착시킨다. 위협을 느끼면 땅으로 떨어진다.

◘ 죽은 노박덩굴에 붙어 있다.

흰가슴하늘소

긴 원통형 몸이 울퉁불퉁하다. 가슴과 다리가 희고, 딱지날개에는 고동색 가루가 덮였으며, 뒤쪽으로 흰 띠가 있다. 어른벌레는 노박덩굴의 죽은 가지에 붙어 있는 것을 관찰할 수 있다. 애벌레는 노박덩굴 속을 파먹고 자란다.

하늘소과
목하늘소아과

크기 10~14mm
사는 곳 산
나타나는 때 5~7월
움직이는 때 낮
겨울잠 애벌레

- 개망초 줄기에서 짝짓기를 하려고 한다.(위)
- 개망초 줄기에 알을 낳는다.(아래)

**하늘소과
목하늘소아과**

크기 11~17mm
사는 곳 풀밭, 낮은 산
나타나는 때 5~7월
움직이는 때 낮
겨울잠 애벌레

남색초원하늘소

온몸이 흑남색이고, 딱지날개는 광택이 난다. 몸은 검은 털로 덮였고, 더듬이는 두 번째 마디까지 큰 털 뭉치가 있다. 어른벌레는 엉겅퀴나 개망초에 날아와 꽃가루를 먹는다. 암컷은 개망초 줄기에 알을 낳는다. 애벌레는 개망초 줄기 속을 파먹고 땅으로 내려가 번데기가 된다.

◘ 죽은 뽕나무에 붙어 있다.

꼬마하늘소

머리와 가슴이 검고, 딱지날개에 특이한 갈색 무늬가 있다. 딱지날개의 무늬는 개체마다 다르다. 5월부터 뽕나무 죽은 가지에서 활동하는데, 너무 작아서 잘 보이지 않는다.

**하늘소과
목하늘소아과**

크기 3.5~5mm
사는 곳 낮은 산
나타나는 때 5~8월
움직이는 때 낮
겨울잠 애벌레

- 조릿대 줄기를 꽉 붙잡고 있다.(위)
- 애벌레는 조릿대 속을 파먹고 자란다.(왼쪽)
- 조릿대 속에서 어른벌레가 되어 겨울잠을 잔다.(오른쪽)

하늘소과
목하늘소아과

크기 12~20mm
사는 곳 평지
나타나는 때 4~6월
움직이는 때 낮
겨울잠 애벌레, 어른벌레

짝지하늘소

몸은 회색이고, 딱지날개는 회백색 가루로 덮였다. 가슴에 세로 주름이 있고, 딱지날개 끝은 뾰족하며 양쪽으로 갈라졌다. 어른벌레는 대나무류에 알을 낳으며, 애벌레는 대나무류의 마디 부분을 파먹고 자란다. 겨울에 죽은 대나무를 쪼개면 번데기 방에서 겨울잠 자는 어른벌레를 볼 수 있다.

◘ 죽은 무화과나무 가지에 붙어 있다.

큰곰보하늘소

몸 전체가 갈색이다. 딱지날개에는 흰 가루로 덮인 큰 무늬가 있고, 흰 가루는 만지면 벗겨진다. 잘 날지 않는 편이다. 죽은 나무에 모이며, 몸을 나무에 최대한 붙이고 더듬이를 엉덩이 쪽으로 바짝 당겨서 천적의 눈을 피한다.

하늘소과
목하늘소아과

크기 9.5~14.5mm
사는 곳 평지, 낮은 산
나타나는 때 5~8월
움직이는 때 낮
겨울잠 애벌레

■ 죽은 활엽수 가지에 붙어 있다.

**하늘소과
목하늘소아과**

크기 12~16mm
사는 곳 평지, 낮은 산
나타나는 때 5~8월
움직이는 때 낮
겨울잠 애벌레

곰보하늘소

몸빛은 갈색과 흰색, 검은색 등이 뒤섞여 나무 색과 비슷하며, 딱지날개 끝이 양쪽으로 갈라졌다. 어른벌레는 죽은 활엽수에 날아와 짝짓기 하고 알을 낳는다. 남부 지방에서 주로 관찰된다.

▫ 죽은 무화과나무 가지에 붙어 있다.

대륙곰보하늘소

몸빛이 나무와 비슷한 갈색이며, 딱지날개에는 흰 무늬가 대칭을 이룬다. 어른벌레는 다양한 나무의 죽은 가지에 붙어 있다. 위협을 느끼면 땅으로 떨어져 주변의 낙엽이나 돌 사이에 몸을 숨긴다.

하늘소과
목하늘소아과

크기 5~8mm
사는 곳 평지, 낮은 산
나타나는 때 5~7월
움직이는 때 낮
겨울잠 애벌레

▫ 두릅나무에 붙어 있다.(위)
▫ 큰우단하늘소가 갉아먹은 흔적.(아래)

**하늘소과
목하늘소아과**

크기 20~36mm
사는 곳 낮은 산, 평지
나타나는 때 6~8월
움직이는 때 밤
겨울잠 애벌레

큰우단하늘소

몸집이 큰 편에 속하는 하늘소로, 몸빛은 흑갈색이다. 딱지날개에 갈색과 검은색 잔털이 빽빽한데, 검은색 잔털이 띠처럼 보인다. 어른벌레는 두릅나무나 팔손이나무 등 두릅나무과 식물의 줄기를 갉아먹고, 애벌레는 이 나무들의 속을 파먹고 자란다.

▫ 불빛을 보고 날아와 몸빛과 비슷한 낙엽에 붙어 있다.

작은우단하늘소

온몸이 갈색 잔털로 덮였는데, 보는 각도에 따라 무늬처럼 보이기도 한다. 밤에 활엽수 벌채목에 모여들고, 불빛에 잘 날아온다.

하늘소과
목하늘소아과

크기 15~20mm
사는 곳 산
나타나는 때 6~9월
움직이는 때 밤
겨울잠 애벌레

◘ 단풍나무에 붙어 있는 암컷.

**하늘소과
목하늘소아과**

크기 25~33mm
사는 곳 산
나타나는 때 6~8월
움직이는 때 밤
겨울잠 애벌레

유리알락하늘소

알락하늘소와 비슷해 보이나 어깨 부분에 돌기가 없고, 딱지날개의 흰 무늬가 가로로 넓다. 어른벌레는 단풍나무의 살아 있는 가지에 알을 낳고, 애벌레는 단풍나무 속을 파먹고 자란다. 어른벌레는 불빛에도 날아온다.

◘ 단풍나무 줄기에서 짝짓기를 한다.

알락하늘소

몸빛은 광택 나는 흑남색이고, 딱지날개에 흰 점이 불규칙하게 흩어져 있다. 개체마다 흰 점의 모양과 크기, 수가 다르다. 양버즘나무를 가로수로 심어 놓은 도심에서 흔히 볼 수 있다. 어른벌레는 양버즘나무에 알을 낳고, 애벌레는 나무 속을 파먹는다. 낮은 산에 가면 주로 단풍나무에서 보인다.

하늘소과 목하늘소아과

크기 25~35mm
사는 곳 평지, 낮은 산
나타나는 때 6~8월
움직이는 때 낮
겨울잠 애벌레

▫ 암컷은 알 낳을 곳을 만들고, 수컷은 짝짓기를 하려 한다.(위)
▫ 살아 있는 후박나무를 파먹는 애벌레.(아래)

후박나무하늘소

하늘소과
목하늘소아과

크기 25~35mm
사는 곳 평지
나타나는 때 5~7월
움직이는 때 낮
겨울잠 애벌레, 어른벌레

배와 다리, 더듬이를 제외한 온몸이 붉은 잔털로 덮였으며, 검은 점이 흩어져 있다. 어른벌레는 후박나무 줄기 부분을 갉아먹는다. 암컷은 나무껍질을 벗기고 그 속에 알을 낳는다.

◘ 버드나무 줄기에 앉았다.

목하늘소

몸이 짧고 뚱뚱하며, 광택 없는 흑갈색이다. 딱지날개 군데군데에 갈색 가루가 박혀 무늬처럼 보인다. 암수 모두 더듬이가 짧다. 암컷은 봄에 버드나무류 줄기를 갉아먹으며, 그 나무 속에 알을 낳는다.

하늘소과
목하늘소아과

크기 24~28mm
사는 곳 평지
나타나는 때 6~8월
움직이는 때 낮
겨울잠 애벌레

◘ 참나무 벌채목 주변에서 돌아다닌다.

하늘소과 목하늘소아과

크기 24~35mm
사는 곳 낮은 산, 평지
나타나는 때 6~10월
움직이는 때 낮
겨울잠 애벌레

우리목하늘소

몸집이 큰 편에 속하는 흑갈색 하늘소다. 딱지날개에 띠처럼 보이는 굵은 무늬가 있다. 수컷은 암컷보다 앞다리가 길다. 참나무 벌채목에서 주로 볼 수 있으며, 나무에 붙어 있으면 눈에 잘 띄지 않는다.

◘ 소나무 벌채목에 날아온 암컷. 소나무 색과 비슷하다.

솔수염하늘소

몸빛이 적갈색을 띠며, 딱지날개에는 흰 세로줄과 검은 무늬가 교대로 있다. 어른벌레는 소나무 벌채목에 날아와 짝짓기 하고 알을 낳으며, 불빛에도 잘 날아온다. 소나무재선충을 옮기는 매개체로 유명하다.

하늘소과
목하늘소아과

크기 18~27mm
사는 곳 평지, 낮은 산
나타나는 때 5~9월
움직이는 때 밤
겨울잠 애벌레

◘ 죽은 나뭇가지에 앉았다.

점박이수염하늘소

**하늘소과
목하늘소아과**

크기 12~15mm
사는 곳 평지, 낮은 산
나타나는 때 6~8월
움직이는 때 밤
겨울잠 애벌레

몸이 가늘고 길며, 광택이 나는 황갈색이다. 딱지날개에는 크고 흰 점이 한 쌍 있고, 작고 흰 점도 군데군데 있다. 어른벌레는 주로 활엽수 벌채목에서 볼 수 있으며, 불빛에도 잘 날아온다.

◘ 침엽수 벌채목에 날아온 암컷.

긴수염하늘소

몸이 가늘고 길쭉한 원통형이다. 수염하늘소 종류 중 가장 작으며, 북방수염하늘소와 많이 닮았지만 크기가 작다. 지금까지 제주도에서만 관찰된 기록이 있다. 침엽수를 갉아먹으며, 불빛에 날아온다.

하늘소과
목하늘소아과

크기 10~18mm
사는 곳 평지, 낮은 산
나타나는 때 5~8월
움직이는 때 밤
겨울잠 애벌레

□ 소나무 벌채목에 날아온 수컷. 더듬이가 매우 길다.

하늘소과 목하늘소아과
크기 17~23mm **사는 곳** 낮은 산 **나타나는 때** 5~8월 **움직이는 때** 낮 **겨울잠** 애벌레

북방수염하늘소

몸이 흑갈색이고, 가슴과 딱지날개에 적갈색 잔잔한 무늬가 있어 얼룩덜룩하다. 솔수염하늘소와 마찬가지로 소나무재선충을 옮기며, 주로 소나무 벌채목에서 볼 수 있다.

◘ 불빛을 보고 날아와 벚나무에 앉았다.

수염하늘소

수염하늘소 종류 중 가장 크며, 광택이 나는 흑갈색이다. 암컷은 딱지날개에 흰 무늬가 있는 개체가 많고, 수컷은 몸에 비해 더듬이와 앞다리가 매우 길다. 암컷은 주로 전나무와 구상나무에 알을 낳으며, 애벌레는 이 나무 속을 파먹고 자란다.

하늘소과
목하늘소아과

크기 15~35mm
사는 곳 산
나타나는 때 6~9월
움직이는 때 밤
겨울잠 애벌레

- 닥나무에서 줄기에 앉았다.(위)
- 회백색 잔털은 빠진다.(아래)

하늘소과
목하늘소아과

크기 14~30mm
사는 곳 평지, 낮은 산
나타나는 때 6~9월
움직이는 때 낮
겨울잠 애벌레

울도하늘소

남색 몸에 노란 무늬가 있고, 회백색 잔털이 덮였다. 어른벌레는 뽕나무와 무화과나무, 닥나무 등 뽕나무과 식물의 줄기를 갉아먹고, 애벌레는 이 나무 속을 파먹는다. 그동안 울릉도에서만 발견되어 '울도'란 이름이 붙었는데, 최근에 경남 창녕, 전남 거문도 등에서도 발견되었다. 환경부 보호종 2급으로 지정되어 있다.

■ 나뭇가지에 앉아 쉰다.

화살하늘소

몸이 가늘고 길며, 적갈색을 띤다. 딱지날개 끝은 양쪽으로 뾰족하게 갈라졌다. 몸에 적갈색 가루가 덮였으며, 흑갈색 큰 무늬가 대칭을 이룬다. 수컷은 몸에 비해 더듬이가 매우 길고, 불빛에 잘 날아온다.

하늘소과 목하늘소아과

크기 15~25mm
사는 곳 낮은 산
나타나는 때 5~8월
움직이는 때 밤
겨울잠 애벌레

◘ 무화과나무 줄기를 갉아먹는다.

하늘소과
목하늘소아과

크기 35~45mm
사는 곳 평지, 낮은 산
나타나는 때 6~8월
움직이는 때 낮
겨울잠 애벌레

뽕나무하늘소

원통형 몸에 황갈색 가루가 덮였으며, 가루가 벗겨지면 흑갈색이 나타난다. 어른벌레는 뽕나무와 닥나무, 무화과나무 등 뽕나무과 식물의 줄기 부분을 갉아먹으며, 애벌레는 이 나무 속을 파먹고 자란다.

- 밤나무에 붙어 있다.(위)
- 알을 낳기 위해 나무 껍질을 물어뜯는 암컷(가운데)
- 애벌레들이 나무 속을 파먹고 나무 가루를 밀어 낸 흔적(왼쪽)
- 애벌레(아래 가운데)
- 참나무하늘소가 뚫고 나온 구멍(오른쪽)

참나무하늘소

몸집이 크고 남색이며, 회백색 가루로 덮였다. 눈부터 배까지 옆면에 흰 줄이 있으며, 딱지날개에도 길쭉한 노란 무늬가 있는데 죽으면 흰색으로 변한다. 암컷은 밤나무와 오리나무, 상수리나무 등에 알을 낳고, 애벌레는 그 나무 속을 파먹는다. 낮에는 나뭇가지 끝에서 쉬다가 밤에 나무 밑으로 내려와 짝짓기를 한다.

하늘소과
목하늘소아과

크기 45~52mm
사는 곳 평지, 낮은 산
나타나는 때 5~8월
움직이는 때 밤
겨울잠 애벌레, 어른벌레

▫ 오래 된 서어나무에 붙어 있다.(위)
▫ 수컷은 더듬이가 몸 길이의 3배 정도 된다.(아래)

하늘소과
목하늘소아과

크기 12~24mm
사는 곳 산
나타나는 때 7~8월
움직이는 때 낮
겨울잠 애벌레

알락수염하늘소

온몸에 회백색 가루가 덮였고, 검은 점이 퍼져 얼룩덜룩하다. 한여름에 오래 된 서어나무에서 볼 수 있는데, 나무 색과 비슷해서 눈에 잘 띄지 않는다.

▫ 뽕잎 뒤에 붙어 있다. 구멍 난 부분은 갉아먹은 자국이다.

점박이염소하늘소

염소하늘소 종류는 온몸에 흰 가루가 덮였는데, 만지면 벗겨진다. 딱지날개에 점이 여섯 개 있으며, 더듬이가 매우 길다. 어른벌레는 뽕잎 뒷면에 붙어 잎을 갉아먹는다. 암컷은 뽕나무 가지에 알을 낳으며, 애벌레는 뽕나무 속을 파먹고 자란다. 어른벌레는 불빛에도 날아온다.

하늘소과
목하늘소아과

크기 12~13mm
사는 곳 낮은 산
나타나는 때 6~8월
움직이는 때 낮
겨울잠 애벌레

비슷한 염소하늘소류

흰염소하늘소

테두리염소하늘소

굴피염소하늘소

◘ 딱지날개 윗부분에 보이는 검은 점이 털 뭉치다.

털두꺼비하늘소

검은 몸이 넓적하고 울퉁불퉁하다. 배 쪽에 붉은 무늬가 있고, 딱지날개 윗부분에는 검은 점처럼 보이는 털 뭉치가 있다. 전국 어디에서나 눈에 띈다. 어른벌레는 다양한 활엽수에 알을 낳는다. 나무 밑에서 겨울잠을 자는 어른벌레도 보인다.

하늘소과
목하늘소아과

크기 19~25mm
사는 곳 평지, 낮은 산
나타나는 때 5~9월
움직이는 때 낮
겨울잠 애벌레, 어른벌레

▫ 새똥과 닮았다.

새똥하늘소

**하늘소과
목하늘소아과**

크기 6~8mm
사는 곳 평지
나타나는 때 3~5월
움직이는 때 낮
겨울잠 어른벌레

생김새가 새똥을 닮아 붙은 이름이다. 어른벌레는 밭이나 산에 있는 두릅나무에서 볼 수 있다. 위협을 느끼면 땅에 떨어져 다리를 모으고 죽은 척한다. 애벌레는 두릅나무 속을 파먹으며 자란다.

◘ 짝짓기

북방곤봉수염하늘소

몸이 납작하고, 회색과 검은색이 섞여 복잡한 무늬를 이룬다. 암컷은 산란관이 밖으로 나왔다. 어른벌레는 밤이 되면 소나무 벌채목에 날아와서 짝짓기 하고 알을 낳는다.

하늘소과
목하늘소아과

크기 8~12mm
사는 곳 낮은 산
나타나는 때 6~7월
움직이는 때 밤
겨울잠 애벌레

□ 짝짓기

유리콩알하늘소

하늘소과
목하늘소아과

크기 4.5~9mm
사는 곳 산, 평지
나타나는 때 6~8월
움직이는 때 밤
겨울잠 애벌레

몸빛이 검고, 딱지날개에는 길고 검은 털이 덮였다. 갈색 점이 불규칙하게 퍼져 있으며, 아랫부분은 점이 겹쳐 가로 무늬처럼 보인다. 어른벌레는 죽은 활엽수 가지와 불빛에 날아온다.

◘ 죽은 무화과나무 가지에 붙어 있다.

줄콩알하늘소

몸빛이 검다. 딱지날개에 중간이 끊어지는 흰 세로줄이 있는데, 끊어진 부분이 검은 무늬처럼 보인다. 다양한 나무의 죽은 가지에 붙어 있으며, 위협을 느끼면 땅으로 떨어진다.

하늘소과
목하늘소아과

크기 4.5~7mm
사는 곳 산, 평지
나타나는 때 6~8월
움직이는 때 낮
겨울잠 애벌레

❏ 자리공 잎에 앉아 쉰다.

**하늘소과
목하늘소아과**

크기 12~14mm
사는 곳 평지
나타나는 때 6~7월
움직이는 때 낮
겨울잠 애벌레

큰남색하늘소

머리와 가슴은 붉은색이고, 딱지날개는 광택이 강한 청람색이며, 종아리마디는 검은색을 띤다. 생태가 자세히 밝혀지지 않았으나, 어른벌레는 자리공에 날아오는 모습을 관찰했다. 한 곳에 가만히 있지 않고 잠깐 앉았다 날기를 반복할 정도로 활동적이다.

◘ 다리도 오렌지색이다.

남색하늘소

큰남색하늘소와 생김새가 비슷하지만 비교적 작고 몸빛이 오렌지색이며, 종아리마디 색이 다르다. 낮에는 잎 뒷면에서 쉬며, 배나무 잎맥을 갉아먹는다. 애벌레는 살아 있는 배나무 가지 속을 파먹고 자란다.

하늘소과
목하늘소아과

크기 7.5~11.5mm
사는 곳 평지
나타나는 때 5~6월
움직이는 때 낮
겨울잠 애벌레

◘ 초록빛이 아름답다.

녹색네모하늘소

하늘소과
목하늘소아과

크기 12~17mm
사는 곳 산
나타나는 때 6~8월
움직이는 때 밤
겨울잠 애벌레

온몸이 광택 나는 초록색 가루로 덮여 반짝이며, 가루가 벗겨지면 검은색이 드러난다. 어른벌레는 주로 피나무나 느릅나무 잎을 갉아먹으며, 밤이 되면 불빛에도 날아온다.

◘ 가슴에 점 2개가 뚜렷하다.

두눈사과하늘소

몸이 길쭉한 원통형이다. 머리와 더듬이는 검은색, 가슴과 배는 주황색, 딱지날개는 회색이다. 가슴에 검은 점이 두 개 있다. 강이나 시냇가 옆에 자라는 버드나무류에서 볼 수 있다. 애벌레는 버드나무류의 가지 속을 파먹고 자란다.

하늘소과
목하늘소아과

크기 15~20mm
사는 곳 평지
나타나는 때 5~7월
움직이는 때 낮
겨울잠 애벌레

생김새가 비슷한 사과하늘소 종류

통사과하늘소

검정사과하늘소

▫ 말린 쑥잎 사이에 숨었다. 가슴에 빨간 점이 인상적이다.

국화하늘소

몸빛이 검고, 넓적다리마디는 붉다. 가슴에 빨간 점이 있다. 어른벌레는 쑥이 많은 곳에서 잘 날아다니고, 쑥잎 틈에 머리를 박고 숨기도 한다. 비슷한 종으로는 가슴에 빨간 점이 없는 먹국화하늘소가 있다.

하늘소과
목하늘소아과

크기 6~9mm
사는 곳 풀밭
나타나는 때 4~6월
움직이는 때 낮
겨울잠 애벌레

▫ 풀잎에 앉아 쉰다.

하늘소과 목하늘소아과

크기 9~15mm
사는 곳 산
나타나는 때 5~7월
움직이는 때 낮
겨울잠 애벌레

팔점긴하늘소

딱지날개에 점이 여덟 개 있어서 붙은 이름이다. 몸은 회색 가루로 덮였으며, 가슴에 검고 길쭉한 점이 두 개 있다. 어른벌레는 주로 벚나무와 느릅나무에서 볼 수 있다.

- 생김새가 해바라기 씨와 비슷하다.(위)
- 짝짓기(아래)

삼하늘소

검은 바탕에 흰 세로줄이 있는 모양이 얼핏 보면 해바라기 씨 같다. 어른벌레는 5월부터 나와 쑥 잎맥을 갉아먹고, 줄기에 알을 낳는다. 애벌레는 쑥 줄기 속을 갉아먹고, 뿌리 쪽으로 내려가 번데기 방을 만든 다음 이듬해 봄 어른벌레로 탈바꿈하여 활동한다.

하늘소과
목하늘소아과

크기 10~15mm
사는 곳 풀밭
나타나는 때 5~7월
움직이는 때 낮
겨울잠 애벌레

□ 모시풀에 앉아 쉰다.(위)
□ 모시풀 줄기를 갉아먹는다.(가운데)
□ 수컷은 배에 무늬가 없다.(왼쪽)
□ 암컷은 배에 검은 무늬가 있다.(오른쪽)

하늘소과
목하늘소아과

크기 8~17mm
사는 곳 평지
나타나는 때 5~7월
움직이는 때 낮
겨울잠 애벌레

모시긴하늘소

몸빛은 검은 바탕에 파스텔 톤 녹색과 파란색 무늬가 있다. 가슴에 검은 점이 두 개 있다. 무궁화나무와 모시풀에서 주로 발견되며, 남쪽 지방에서 주로 보인다. 어른벌레는 모시풀 줄기를 갉아먹으며, 줄기에 알을 낳는다. 몸집이 크고 배 쪽에 검은 무늬가 있는 것이 암컷이다.

□ 짝짓기

고려긴가슴잎벌레

머리와 가슴은 빨갛고, 딱지날개는 광택이 강한 흑남색이다. 산이나 숲 속의 마 줄기에서 여러 마리가 보이기도 한다. 어른벌레는 나무껍질 밑에서 겨울잠을 잔다.

잎벌레과
긴가슴잎벌레아과

크기 8.5mm 내외
사는 곳 평지, 낮은 산
나타나는 때 6~8월
움직이는 때 낮
겨울잠 어른벌레

■ 딱지날개에 주황색 무늬가 뚜렷하다.

**잎벌레과
긴가슴잎벌레아과**

크기 8.5~9.5mm
사는 곳 평지
나타나는 때 5~8월
움직이는 때 낮
겨울잠 알려지지 않음

등빨간긴가슴잎벌레

가슴이 가늘고 길쭉하며, 배는 뚱뚱하다. 몸빛이 광택 있는 검은색이고, 딱지날개에는 점으로 된 세로줄이 나란하며, 주황색 무늬가 있다. 어른벌레는 주로 풀밭이나 산의 풀 줄기에 앉은 모습이 관찰된다.

◘ 나뭇잎에 앉았다.

배노랑긴가슴잎벌레

배 쪽이 노란색이라 붙은 이름이다. 몸은 광택 있는 청람색이다. 어른벌레는 물가 주변의 풀밭에서 많이 보이고, 닭의장풀 잎을 갉아먹고 산다.

**잎벌레과
긴가슴잎벌레아과**

크기 5~6.5mm
사는 곳 평지
나타나는 때 4~7월
움직이는 때 낮
겨울잠 어른벌레

□ 가슴과 딱지날개에 검은 점이 뚜렷하다.

잎벌레과
긴가슴잎벌레아과

크기 5.4~6.1mm
사는 곳 평지, 낮은 산
나타나는 때 4~9월
움직이는 때 낮
겨울잠 어른벌레

점박이큰벼잎벌레

온몸이 광택 있는 노란색이다. 가슴과 딱지날개에 점이 네 개씩 있다. 어른벌레는 주로 참마 잎을 갉아먹으며, 먹이식물 근처에서 잘 날아다닌다.

◘ 몸이 원통형이다.

넉점박이큰가슴잎벌레

몸이 굵은 원통형이다. 가슴은 검고, 딱지날개는 광택 있는 주황색이며, 검은 점이 네 개 있다. 어른벌레는 자작나무와 버드나무, 참나무류의 잎을 갉아먹는다.

**잎벌레과
통잎벌레아과**

크기 8~11mm
사는 곳 평지, 낮은 산
나타나는 때 5~8월
움직이는 때 낮
겨울잠 알려지지 않음

▫ 암수의 무늬가 다르다.

**잎벌레과
통잎벌레아과**

크기 4.8~5.5mm
사는 곳 평지, 낮은 산
나타나는 때 6~8월
움직이는 때 낮
겨울잠 알려지지 않음

밤나무잎벌레

머리는 검고, 가슴과 딱지날개는 광택 있는 주황색이다. 딱지날개에 검은 가로줄이 있는 개체부터 없는 개체까지 무늬 변이가 다양하다. 어른벌레는 억새나 청미래덩굴 외에도 다양한 식물을 먹는다.

◘ 앞다리가 유난히 길다.

팔점박이잎벌레

머리는 검고, 가슴과 딱지날개는 노랗다. 가슴에는 굵고 검은 세로줄이 두 개 있고, 딱지날개 어깨 부분에도 점이 양쪽에 하나씩 있다. 앞다리가 긴 편이다. 버드나무나 오리나무 잎을 주로 먹는다.

잎벌레과
통잎벌레아과

크기 7~8.2mm
사는 곳 평지, 낮은 산
나타나는 때 4~7월
움직이는 때 낮
겨울잠 알려지지 않음

◘ 활발하게 움직이는 낮에 짝짓기를 한다.

잎벌레과
통잎벌레아과

크기 4~5.2mm
사는 곳 평지
나타나는 때 5~6월
움직이는 때 낮
겨울잠 알려지지 않음

콜체잎벌레

짧은 원통형 몸이 검고, 딱지날개에 샛노란 무늬가 있다. 어른벌레는 들이나 풀밭의 쑥에서 볼 수 있다.

◨ 생김새가 특이하다.

혹잎벌레

짤막한 원통형 몸이 검고, 돌기가 많아 울퉁불퉁하다. 떡갈나무와 상수리나무 등의 잎에서 자주 눈에 띈다. 보통 몸통만 보이는데, 자세히 들여다보지 않으면 다른 곤충의 배설물로 착각할 수도 있다.

잎벌레과
통잎벌레아과

크기 2.7~3.5mm
사는 곳 낮은 산
나타나는 때 4~10월
움직이는 때 낮
겨울잠 어른벌레

▫ 두릅나무 잎에 앉았다.

두릅나무잎벌레

잎벌레과
반짝잎벌레아과

둥근 알처럼 생겼다. 온몸이 금록색이나 청람색이며, 광택이 매우 강하다. 어른벌레는 산이나 마을 주변에 자라는 두릅나무 새순에서 쉽게 관찰할 수 있다.

크기 2.8~3.3mm
사는 곳 평지
나타나는 때 3~10월
움직이는 때 낮
겨울잠 알려지지 않음

❏ 칡잎에서 돌아다닌다.

콩잎벌레

머리와 가슴은 적갈색과 검은색 두 가지가 있다. 딱지날개는 갈색이고 광택이 나며, 가운데 부분에 검은 줄이 있다. 어른벌레는 콩잎과 칡잎을 갉아먹는다.

잎벌레과 꼽추잎벌레아과

크기 1.8~2.4mm
사는 곳 평지
나타나는 때 6~8월
움직이는 때 낮
겨울잠 알려지지 않음

□ 짝짓기

잎벌레과 꼽추잎벌레아과

크기 6~8mm
사는 곳 평지
나타나는 때 5~8월
움직이는 때 낮
겨울잠 애벌레, 어른벌레

주홍꼽추잎벌레

머리와 가슴은 초록색이고, 붉은 딱지날개 가운데 초록색 세로줄이 있다. 온몸에 광택이 나 매우 화려하다. 머루덩굴에 여러 마리가 모여 있고, 포도과 식물의 잎을 갉아먹는다.

◘ 흰 털이 다 빠져서 검은 몸빛이 드러났다.

사과나무잎벌레

온몸에 흰색 잔털이 빽빽하다. 잔털이 빠지면 검은색이 드러난다. 어른벌레는 사과나무와 호두나무, 매화나무 등 다양한 나무의 잎을 갉아먹는다.

잎벌레과
꼽추잎벌레아과

크기 6~7mm
사는 곳 산
나타나는 때 5~7월
움직이는 때 낮
겨울잠 알려지지 않음

□ 잎에 앉아 쉰다.(위)
□ 한 곳에 여러 마리가 모여 있다.(아래)

**잎벌레과
꼽추잎벌레아과**

크기 11~23mm
사는 곳 평지
나타나는 때 5~9월
움직이는 때 낮
겨울잠 애벌레

중국청람색잎벌레

잎벌레 가운데 큰 편으로, 몸이 넓적하고 뚱뚱하다. 온몸이 청람색이며, 광택이 매우 강하다. 산이나 들에 자라는 박주가리에서 자주 보이며, 여러 마리가 무리 지어 있는 경우가 많다.

◘ 짝짓기

쑥잎벌레

어른벌레와 애벌레의 먹이식물이 쑥이라 붙은 이름이다. 몸이 둥글넓적하고, 광택이 강한 구릿빛이다. 매우 흔하며, 낮에 쑥 줄기에서 쉬는 모습이 관찰된다.

잎벌레과 잎벌레아과

크기 7~10mm
사는 곳 평지
나타나는 때 5~9월
움직이는 때 낮
겨울잠 애벌레, 어른벌레

□ 나뭇가지에 앉아 쉰다.(위)
□ 사시나무 잎 뒷면에 붙어 번데기가 된다.(아래)

사시나무잎벌레

잎벌레과
잎벌레아과

크기 10~12mm
사는 곳 평지
나타나는 때 4~10월
움직이는 때 낮
겨울잠 어른벌레

몸이 둥글넓적하다. 머리와 가슴은 청람색이고, 딱지날개는 광택 있는 빨간색이다. 초봄부터 볼 수 있고, 개체 수가 매우 많다. 어른벌레와 애벌레 모두 사시나무와 오리나무 잎을 먹는다.

◘ 버드나무 잎에 앉았다.

버들잎벌레

머리와 가슴은 구릿빛이 나는 검은색이고, 딱지날개는 주황색이다. 딱지날개에 검고 길쭉한 점이 퍼져 있다. 딱지날개가 전체가 검은 개체도 있다. 어른벌레는 이른 봄부터 버드나무에서 흔히 볼 수 있다.

잎벌레과
잎벌레아과

크기 6.8~9mm
사는 곳 평지
나타나는 때 4~6월
움직이는 때 낮
겨울잠 어른벌레

▫ 낮에 잘 날아다닌다.

잎벌레과
긴더듬이잎벌레아과

크기 6.5~6.9mm
사는 곳 평지
나타나는 때 7~10월
움직이는 때 낮
겨울잠 어른벌레

띠띤수염잎벌레

몸빛이 주황색에 가깝고, 흰 잔털이 빽빽하다. 머리와 가슴에는 검은 무늬가 있고, 딱지날개 테두리에도 옅은 검은색 무늬가 있다. 느티나무와 느릅나무, 오리나무 잎을 먹으며, 어른벌레로 겨울잠을 잔다.

◘ 짝짓기

열점박이별잎벌레

우리 나라 잎벌레 중 가장 크며, 몸은 반구형이다. 온몸이 광택 있는 주황색이고, 딱지날개에 검은 점이 열 개 있으며, 더듬이 끝 부분이 검다. 포도과 식물의 잎을 갉아먹으며, 여러 마리가 함께 있는 경우가 많다.

**잎벌레과
긴더듬이잎벌레아과**

크기 10~14mm
사는 곳 평지
나타나는 때 5~9월
움직이는 때 낮
겨울잠 어른벌레

■ 나무에 붙어 쉰다.

**잎벌레과
긴더듬이잎벌레아과**

크기 7mm 내외
사는 곳 낮은 산
나타나는 때 4~8월
움직이는 때 낮
겨울잠 어른벌레

오리나무잎벌레

광택 있는 흑남색 몸이 달걀형이고, 가슴이 매우 짧다. 들이나 낮은 산에서 많이 보이며, 주로 오리나무 잎을 갉아먹는다. 가끔 대량 발생해서 오리나무 잎을 전부 갉아먹기도 한다.

◘ 풀잎 뒤에 붙어 쉰다.

상아잎벌레

온몸이 검은색이며, 딱지날개에는 특이한 노란색 무늬가 대칭을 이룬다. 산이나 들 다양한 곳에서 보인다. 어른벌레는 호장근, 까치수영, 소리쟁이, 며느리배꼽 등의 잎을 갉아먹으며, 낮에 들이나 등산로 주변에서 잘 날아다닌다.

**잎벌레과
긴더듬이잎벌레아과**

크기 7.5~9.5mm
사는 곳 평지
나타나는 때 3~8월
움직이는 때 낮
겨울잠 어른벌레

◘ 나뭇잎 뒤에 붙어 쉰다.

**잎벌레과
긴더듬이잎벌레아과**

크기 5.6~7.3mm
사는 곳 평지
나타나는 때 4~6월
움직이는 때 낮
겨울잠 어른벌레

오이잎벌레

몸빛이 광택 나는 주황색이다. 딱지날개가 매우 얇고 투명해 자세히 보면 속날개가 살짝 비친다. 흔한 종으로, 오이와 호박, 참외, 배추, 아주까리 등 다양한 식물의 잎을 갉아먹는다.

◘ 오리나무 잎에 앉았다.

검정오이잎벌레

머리와 가슴은 주황색이고, 딱지날개는 광택 있는 검은색이다. 전국 어디에서나 흔히 보이는 종으로, 박이나 오이, 콩, 등나무, 팽나무, 오리나무 등 다양한 식물의 잎을 갉아먹는다. 어른벌레로 겨울잠을 잔다.

**잎벌레과
긴더듬이잎벌레아과**

크기 5.8~6.3mm
사는 곳 평지
나타나는 때 4~11월
움직이는 때 낮
겨울잠 어른벌레

▫ 시냇가 주변의 풀잎에서 많이 보인다.

**잎벌레과
긴더듬이잎벌레아과**

크기 3.6~4mm
사는 곳 평지
나타나는 때 4~7월
움직이는 때 낮
겨울잠 알려지지 않음

크로바잎벌레

머리와 가슴은 주황색이고, 딱지날개는 검은 바탕에 황백색 점이 두 개 있다. 어른벌레는 배추, 무, 옥수수, 콩, 땅콩, 당근, 싸리, 호박, 가지 등 다양한 식물의 잎을 갉아먹는다.

◘ 팽나무 잎 아래에서 어른벌레로 겨울잠을 잔다.

알통다리잎벌레

광택이 매우 강한 청록색이다. 가슴과 딱지날개에 점으로 된 줄이 많으며, 뒷다리 넓적다리마디가 굵다. 나무껍질 사이나 낙엽 밑에서 어른벌레로 겨울잠을 자며, 이른 봄부터 꽃에 날아온다.

**잎벌레과
긴더듬이잎벌레아과**

크기 2.4~3.2mm
사는 곳 평지, 낮은 산
나타나는 때 4~10월
움직이는 때 낮
겨울잠 어른벌레

◘ 양지꽃에 여러 마리가 모여 있다.

점날개잎벌레

**잎벌레과
긴더듬이잎벌레아과**

크기 3.2~4mm
사는 곳 풀밭, 낮은 산
나타나는 때 3~9월
움직이는 때 낮
겨울잠 어른벌레

온몸이 광택 나는 흑남색이다. 뒷다리가 발달하여 위협을 느끼면 벼룩처럼 톡 튀어서 도망간다. 어른벌레는 이른 봄부터 볼 수 있으며, 낮은 산이나 풀밭에 자라는 양지꽃, 해당화 등의 꽃가루를 먹는다.

◘ 위협을 느꼈는지 꼼짝 않는다.

노랑테가시잎벌레

납작한 몸 전체에 잔가시가 있고, 적갈색이나 흑갈색을 띤다. 쑥잎에서 잘 보이며, 참나무 잎에 붙어 있는 것도 눈에 띈다. 위협을 느끼면 더듬이를 앞으로 쭉 뻗고 움직이지 않는다.

잎벌레과 가시잎벌레아과

크기 4mm 내외
사는 곳 평지, 낮은 산
나타나는 때 4~11월
움직이는 때 낮
겨울잠 어른벌레

□ 상수리나무 잎 뒤에 붙어 쉰다.

사각노랑테가시잎벌레

몸이 넓고 납작하며, 가운데 부분이 잘록하다. 몸빛이 검고, 더듬이와 다리와 배는 주황색이다. 딱지날개는 울퉁불퉁하고 가시가 있다. 봄부터 가을까지 볼 수 있으며, 주로 졸참나무 잎 뒤에 붙어 있다.

잎벌레과
가시잎벌레아과

크기 4.5~5.6mm
사는 곳 산
나타나는 때 4~10월
움직이는 때 낮
겨울잠 알려지지 않음

- 명아주 잎에서 많이 보인다.(위)
- 갈색형(아래)

남생이잎벌레

다른 남생이잎벌레에 비해 약간 길쭉하고 납작하다. 더듬이는 반만 검고, 몸빛은 녹색과 갈색 등 변이가 있다. 딱지날개는 곰보처럼 거칠고, 불규칙한 점이 있다. 어른벌레는 주로 명아주 잎을 갉아먹는다.

잎벌레과 남생이잎벌레아과

크기 6.3~7.2mm
사는 곳 평지
나타나는 때 4~7월
움직이는 때 낮
겨울잠 어른벌레

다양한 남생이잎벌레 종류

큰남생이잎벌레

적갈색남생이잎벌레

애남생이잎벌레

청남생이잎벌레

▫ 금빛이 나서 매우 화려하다.

금자라남생이잎벌레

동글납작하게 생겼다. 몸의 테두리는 다리가 비칠 정도로 투명하다. 딱지날개에 있는 금빛 무늬는 살아 있을 때 반짝이지만, 죽으면 검게 변한다. 어른벌레는 메꽃을 갉아먹는다.

잎벌레과
남생이잎벌레아과

크기 7~8.5mm
사는 곳 평지
나타나는 때 5~8월
움직이는 때 낮
겨울잠 어른벌레

□ 낮에 잎 뒤에 붙어 쉰다.

수중다리잎벌레과
혹가슴잎벌레아과

크기 4.7~5mm
사는 곳 낮은 산, 풀밭
나타나는 때 6~9월
움직이는 때 낮
겨울잠 알려지지 않음

쌍무늬혹가슴잎벌레

머리부터 가슴 중간까지는 검고, 그 아래는 적갈색이다. 어른벌레는 낮에 활동하며, 참빗살나무와 화살나무 등 노박덩굴과 식물의 잎을 갉아먹는다.

▫ 짝짓기

수중다리잎벌레

몸빛은 주황색이고, 딱지날개는 광택 있는 청람색이다. 뒷다리 넓적다리마디가 넓적하고, 종아리마디 끝부분은 안쪽으로 휘었다. 어른벌레는 고삼 줄기를 갉아먹는다.

**수중다리잎벌레과
수중다리잎벌레아과**

크기 7.9~10.5mm
사는 곳 평지
나타나는 때 4~7월
움직이는 때 낮
겨울잠 애벌레

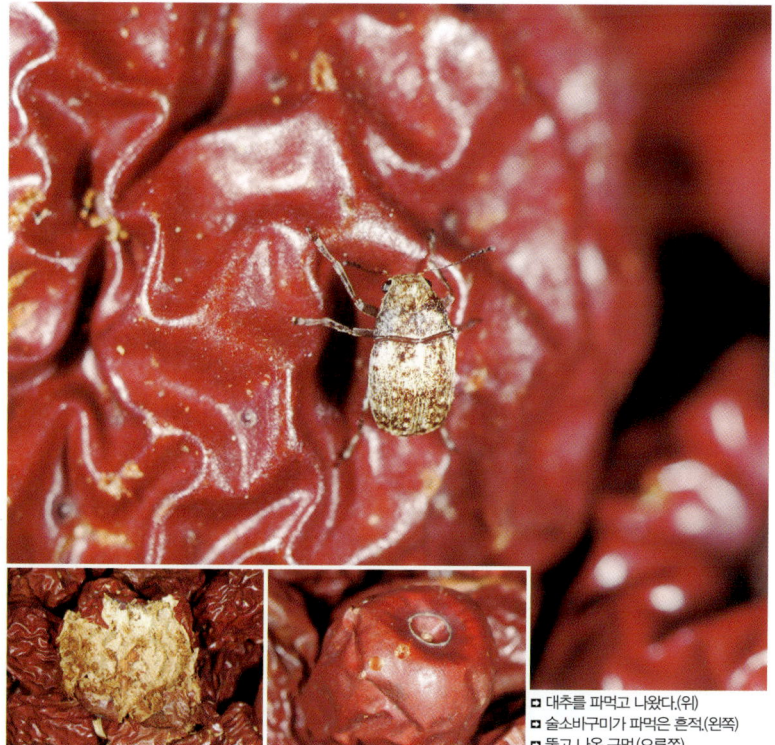

▫ 대추를 파먹고 나왔다.(위)
▫ 술소바구미가 파먹은 흔적.(왼쪽)
▫ 뚫고 나온 구멍.(오른쪽)

**소바구미과
꼬마소바구미아과**

크기 2.5~4mm
사는 곳 평지
나타나는 때 3~11월
움직이는 때 낮
겨울잠 어른벌레

술소바구미

몸집이 작고, 갈색 잔털로 덮였다. 어른벌레는 주로 대추에 알을 낳는다. 애벌레는 대추를 파먹고 자라며, 어른벌레가 되면 동그란 구멍을 뚫고 나온다. 집 안의 마른 대추 밑에 가루가 쌓인 흔적이 있으면 술소바구미가 한 짓이다.

◘ 죽은 무화과나무 가지에 붙어 있다.

털보소바구미

길쭉하고 납작하게 생겼다. 몸빛은 검은색과 갈색이 섞여 얼룩덜룩하고, 전체에 잔털이 덮였다. 검은 더듬이 끝 부분은 넓고 납작하며, 바로 아래 흰 띠가 있다. 어른벌레는 죽은 활엽수 가지에서 볼 수 있다.

소바구미과
소바구미아과

크기 6~10mm
사는 곳 평지
나타나는 때 6~9월
움직이는 때 밤
겨울잠 알려지지 않음

◘ 수컷이라 곤봉이 2개다.(위)
◘ 불에 날아온 암컷(아래)

소바구미과
소바구미아과

크기 6~10mm
사는 곳 낮은 산
나타나는 때 9월
움직이는 때 낮
겨울잠 알려지지 않음

길쭉소바구미

가늘고 길쭉하다. 몸에 회갈색 가루가 덮였고, 딱지날개에는 굵고 검은 띠가 있다. 어른벌레는 참나무류의 죽은 가지에서 볼 수 있고, 불빛에도 잘 날아온다. 암컷은 더듬이의 곤봉이 한 개고, 수컷은 두 개다.

◘ 죽은 나뭇가지에 붙어 있다.

우리흰별소바구미

머리는 희고, 몸은 갈색이다. 딱지날개에 흰 무늬가 있다. 어른벌레는 죽은 나뭇가지에 붙어 있다. 수컷은 암컷보다 덩치가 크고, 더듬이가 두 배 이상 길다. 밤이 되면 불빛에 잘 날아온다.

소바구미과
소바구미아과

크기 6.5~10mm
사는 곳 낮은 산
나타나는 때 6~8월
움직이는 때 밤
겨울잠 어른벌레

▫ 낮에 나무 기둥을 따라 돌아다닌다.

줄무늬소바구미

**소바구미과
소바구미아과**

크기 4~5.3mm
사는 곳 평지, 낮은 산
나타나는 때 5~9월
움직이는 때 낮
겨울잠 알려지지 않음

주둥이가 넓고 길며, 턱이 매우 날카롭다. 몸빛은 갈색이고, 가슴과 딱지날개에 대칭을 이루는 가늘고 옅은 줄과 검고 굵은 팔(八)자 무늬가 있다. 작은방패판이 희고 둥글며, 수컷은 암컷보다 더듬이가 길다.

◘ 몸빛이 어두워 나무 색과 비슷하다.

회떡소바구미

몸빛이 검고, 딱지날개에는 황갈색 무늬가 대칭을 이룬다. 아래로 뻗은 황갈색 주둥이는 평평하고 넓적하다. 어른벌레는 주로 죽은 활엽수에서 볼 수 있다.

소바구미과
소바구미아과

크기 5~8mm
사는 곳 평지, 낮은 산
나타나는 때 5~10월
움직이는 때 낮
겨울잠 알려지지 않음

◘ 신나무 잎 끝에 앉아 쉰다. 색이 매우 아름답다.

**거위벌레과
주둥이거위벌레아과**

크기 5~7mm
사는 곳 평지
나타나는 때 5~7월
움직이는 때 낮
겨울잠 어른벌레

뿔거위벌레

온몸이 초록색이며 광택이 강하다. 수컷은 가슴 양쪽에 뾰족한 돌기가 있다. 어른벌레는 주로 평지에 있는 신나무에서 보이며, 신나무 잎을 2~3장 말아서 요람을 만들고 그 속에 알을 낳는다.

◘ 싸리나무 잎에 앉았다.

털거위벌레

몸 전체가 흑남색이며, 광택이 조금 난다. 딱지날개에는 점으로 된 세로줄이 무늬처럼 보이고, 흰 털이 있다. 어른벌레는 주로 산 주변의 싸리나무 잎에서 관찰된다.

거위벌레과 주둥이거위벌레아과

크기 4.3~4.6mm
사는 곳 낮은 산
나타나는 때 4~10월
움직이는 때 낮
겨울잠 어른벌레

◘ 개복숭아 잎에 앉아 쉰다.

어리복숭아거위벌레

**거위벌레과
주둥이거위벌레아과**

크기 5~8mm
사는 곳 평지, 낮은 산
나타나는 때 5~6월
움직이는 때 낮
겨울잠 어른벌레

몸빛이 보라에 가까운 자줏빛이며, 광택이 있다. 딱지날개에는 점으로 된 줄이 있어 거친 느낌이 난다. 어른벌레와 애벌레는 복숭아나 살구를 먹고 산다. 어른벌레는 긴 주둥이로 복숭아에 구멍을 낸 뒤 알을 낳는다. 애벌레는 열매 속을 파먹고 자란다.

◘ 낮은 산에서도 흔히 보인다.(위)
◘ 알(아래)

거위벌레

머리는 검고, 가슴과 배는 붉다. 다리는 검은데, 넓적다리마디에 빨간 띠가 있는 개체도 있다. 어른벌레는 오리나무와 물오리나무, 밤나무, 개암나무 등 다양한 활엽수에 요람을 만들고 그 속에 알을 낳는다.

거위벌레과
거위벌레아과

크기 6~10mm
사는 곳 낮은 산, 평지
나타나는 때 5~9월
움직이는 때 낮
겨울잠 어른벌레

◘ 알을 낳기 위해 잎을 자른다.

북방거위벌레

거위벌레과
거위벌레아과

크기 3.5~4.5mm
사는 곳 낮은 산
나타나는 때 4~8월
움직이는 때 낮
겨울잠 어른벌레

노랑배거위벌레와 색이 비슷해서 헷갈리기 쉬우나, 몸이 짧고 검다. 어른벌레는 멍석딸기 등 장미과 식물을 주로 갉아먹고, 활동 기간이 비교적 길며 개체 수도 많아 전국 어디에서나 쉽게 볼 수 있다.

□ 잎 뒤에서 쉰다.(위)
□ 알을 낳으려고 아까시 잎을 만다.(아래)

노랑배거위벌레

몸은 가늘고 길쭉하며, 광택 있는 검은색이다. 배 끝부분이 노랗다. 암컷보다 수컷 목이 길다. 경계심이 강해 위협을 느끼면 밑으로 떨어지면서 날개를 펴고 날아간다. 어른벌레는 주로 아까시 잎을 먹는다.

거위벌레과 거위벌레아과

크기 3.5~5.5mm
사는 곳 낮은 산
나타나는 때 4~6월
움직이는 때 낮
겨울잠 어른벌레

- 머리를 치켜든 암컷(위)
- 참나무류의 잎을 갉아먹는 수컷(왼쪽)
- 짝짓기(오른쪽)

거위벌레과 거위벌레아과

크기 8~12mm
사는 곳 낮은 산
나타나는 때 4~8월
움직이는 때 낮
겨울잠 어른벌레

왕거위벌레

거위벌레 종류 중 가장 크다. 머리는 검고, 딱지날개는 광택 있는 검붉은색이다. 넓적다리마디는 검고, 종아리부터는 갈색이다. 수컷은 암컷에 비해 목이 길고, 싸울 때 목을 치켜든다. 참나무류의 잎을 주로 먹으며, 잎을 둥글게 말아서 그 속에 알을 낳는다.

◘ 검은 돌기가 유난히 크다.

어깨넓은거위벌레

몸은 갈색과 적갈색, 검은색이 뒤섞여 얼룩덜룩하다. 다리는 노랗고, 넓적다리 끝 부분에 검은 띠가 있다. 딱지날개는 울퉁불퉁하고, 큰 돌기가 두 개 있다. 어른벌레는 주로 팽나무, 느릅나무에서 관찰된다.

거위벌레과
거위벌레아과

크기 5~6mm
사는 곳 평지, 낮은 산
나타나는 때 5~9월
움직이는 때 낮
겨울잠 어른벌레

□ 느릅나무 잎에서 쉰다.

**거위벌레과
거위벌레아과**

크기 6~6.5mm
사는 곳 평지, 낮은 산
나타나는 때 5~9월
움직이는 때 낮
겨울잠 어른벌레

알락거위벌레

몸빛은 적갈색이고, 머리와 가슴, 배에 검은 점이 군데군데 있다. 등딱지에 돌기가 있어 울퉁불퉁하다. 다리는 적갈색이나, 가운뎃다리와 뒷다리의 넓적다리마디에 검은 띠가 있다. 어른벌레는 팽나무과 식물의 잎을 갉아먹고, 잎을 둥글게 말아서 그 속에 알을 낳는다.

◘ 팽나무 잎을 갉아먹는다.

느릅나무혹거위벌레

몸빛은 광택 있는 검은색이고, 다리와 더듬이는 귤색이며, 뒷다리 넓적다리마디에 검은 띠가 있다. 딱지날개에 돌기가 있어 울퉁불퉁하다. 어른벌레는 주로 모시풀류에 알을 낳으며, 팽나무에서도 관찰된다.

거위벌레과
거위벌레아과

크기 6mm 안팎
사는 곳 낮은 산
나타나는 때 4~7월
움직이는 때 낮
겨울잠 어른벌레

▫ 나뭇잎 뒤에 앉아 쉰다.(위)
▫ 요람(아래)

거위벌레과
거위벌레아과

크기 6.5~7mm
사는 곳 평지, 낮은 산
나타나는 때 5~10월
움직이는 때 낮
겨울잠 어른벌레

등빨간거위벌레

머리와 가슴은 주황색이고, 등딱지는 광택 있는 흑청색이다. 머리에 검은 점이 있는 개체도 있다. 어른벌레는 주로 느릅나무나 느티나무에서 보이고, 뽕나무에서도 관찰된다.

◘ 몸이 짧고 뭉뚝하다.

싸리남색거위벌레

몸이 매우 짧고 뚱뚱하다. 앞다리가 길고, 넓적다리마디는 알통처럼 볼록하다. 졸참나무와 싸리나무 잎을 갉아먹으며, 등나무에 붙어 있는 것도 관찰된다.

거위벌레과
거위벌레아과

크기 2.5~3mm
사는 곳 평지, 낮은 산
나타나는 때 4~8월
움직이는 때 낮
겨울잠 어른벌레

- 새똥같이 생겼다.(위)
- 몸이 뚱뚱해 보인다.(아래)

바구미과
바구미아과

크기 6~10mm
사는 곳 평지, 낮은 산
나타나는 때 4~9월
움직이는 때 낮
겨울잠 어른벌레

배자바구미

극동버들바구미와 비슷하게 생겼으나, 몸이 훨씬 짧고 뚱뚱하다. 새똥을 닮아 천적의 눈을 피하기 좋다. 칡 줄기에 주로 붙어 있다. 경계심이 강해 위협을 느끼면 땅으로 떨어져 죽은 척한다. 어른벌레는 칡 줄기에 상처를 내고 그 속에 알을 낳는다.

□ 짝짓기

노랑무늬솔바구미

몸빛이 적갈색이며, 딱지날개에는 흰색과 황색 무늬가 섞였다. 어른벌레는 3월부터 나와 활동한다. 소나무 벌채목에서 자주 눈에 띄며, 불빛에도 날아온다.

바구미과 바구미아과

크기 5~7mm
사는 곳 평지
나타나는 때 3~11월
움직이는 때 낮
겨울잠 어른벌레

▫ 엉겅퀴 꽃가루를 먹는다.

바구미과
바구미아과

크기 5.5~8.5mm
사는 곳 평지
나타나는 때 4~7월
움직이는 때 낮
겨울잠 어른벌레

우엉바구미

주둥이는 가늘고 길지만, 몸이 짧고 넓적해서 동그랗게 보인다. 몸은 주둥이를 제외하고 황갈색 털로 덮였으며, 검은 점도 있어 얼룩덜룩하다. 어른벌레는 주로 엉겅퀴에 머리를 박고 꽃가루를 먹는다.

◘ 3월 초인데도 땅바닥에 나와서 활동한다.

대륙흰줄바구미

머리와 가슴이 붙어 삼각형처럼 생겼으며, 주둥이는 짧고 굵다. 딱지날개에 회백색 가루가 덮였으며, 군데군데 빗살무늬가 있다. 가루가 많이 벗겨져서 검은색에 가까운 개체도 있다. 어른벌레는 볕이 좋은 날 땅바닥에 앉는다.

바구미과
바구미아과

크기 11mm 안팎
사는 곳 평지
나타나는 때 3~6월
움직이는 때 낮
겨울잠 어른벌레

▫ 쑥잎에서 자주 보인다.

**바구미과
바구미아과**

크기 9~14mm
사는 곳 낮은 산, 풀밭
나타나는 때 5~8월
움직이는 때 낮
겨울잠 어른벌레

흰띠길쭉바구미

긴 타원형 몸이 흰 털로 덮였고, 주둥이는 굵은 편이다. 딱지날개 가운데 검은 V자 무늬가 있는데, 흰 털이 벗겨지면 무늬가 희미해진다. 어른벌레는 주로 쑥을 먹고, 날씨가 좋을 때는 땅바닥에 앉아 볕을 쬐기도 한다.

▫ 풀잎에 앉아 볕을 쬔다.

길쭉바구미

얼핏 보면 점박이길쭉바구미와 비슷하나, 몸이 더 넓적하고 주둥이가 굵다. 몸에 적갈색 가루가 덮였는데, 만지면 벗겨진다. 어른벌레는 낮에 풀잎에 잘 앉는다.

바구미과
바구미아과

크기 12mm 내외
사는 곳 평지, 낮은 산
나타나는 때 5~8월
움직이는 때 낮
겨울잠 어른벌레

- 몸이 가늘고 길쭉하다.(위)
- 짝짓기(아래)

점박이길쭉바구미

바구미과
바구미아과

크기 6.5~12.5mm
사는 곳 풀밭
나타나는 때 4~9월
움직이는 때 낮
겨울잠 어른벌레

몸이 가늘고 길쭉한 타원형이다. 머리와 주둥이는 검은색이며, 가슴부터 배까지는 황토색 털로 덮였고 군데군데 검은색이 있어 얼룩덜룩하다. 털은 만지면 빠져 검은 몸빛이 나타난다. 어른벌레들은 주로 쑥에 앉는다.

◘ 참나무에 붙어 있다.

사과곰보바구미

몸빛이 검고, 가슴과 등은 갈색 털로 덮였으며, 등에는 털이 뭉쳐 무늬처럼 보인다. 바구미아과 가운데 큰 편이다. 주둥이는 굵고 짧으며, 배가 유난히 넓적하다. 어른벌레는 참나무류의 껍질 틈에 잘 붙어 있고, 밤이 되면 불빛에도 날아온다.

바구미과
바구미아과

크기 13~16mm
사는 곳 낮은 산
나타나는 때 4~8월
움직이는 때 낮
겨울잠 알려지지 않음

□ 짝짓기

올리브곰보바구미

**바구미과
바구미아과**

크기 12~15mm
사는 곳 평지
나타나는 때 6~8월
움직이는 때 낮
겨울잠 알려지지 않음

주둥이가 굵고 길다. 몸에 조그만 돌기가 많아 울퉁불퉁하다. 딱지날개에 흰 무늬가 있고, 끝은 경사가 급하다. 다리가 곧지 않으며, 넓적다리마디가 굵다. 어른벌레는 활엽수 가지에 잘 붙어 있고, 불빛에도 날아온다.

◘ 소나무 벌채목에서 돌아다닌다.

솔곰보바구미

주둥이가 굵고 짧다. 몸빛은 적갈색을 띠며, 점으로 된 줄이 많아 거칠다. 딱지날개에는 노란 점이 줄처럼 이어졌다. 어른벌레는 소나무 벌채목에서 짝짓기 하고 알을 낳으며, 불빛에도 날아온다. 애벌레는 소나무 속을 파먹고 자란다.

바구미과
바구미아과

크기 7~13mm
사는 곳 평지
나타나는 때 5~7월
움직이는 때 밤
겨울잠 애벌레

ㅁ 버드나무 줄기에 붙어 있다.

노랑쌍무늬바구미

**바구미과
바구미아과**

크기 8~10.5mm
사는 곳 평지
나타나는 때 5~9월
움직이는 때 낮
겨울잠 어른벌레

몸에 갈색 가루가 덮였고, 가루가 벗겨지면 검은색에 가깝다. 주둥이는 굵고 긴 편이며, 날개 끝이 뾰족하다. 가슴 바깥쪽으로 흰 세로줄이 있고, 딱지날개에도 흰 무늬가 대칭을 이룬다. 어른벌레는 버드나무류의 가지에 잘 붙어 있고, 버드나무 줄기에 알을 낳는다.

◘ 죽은 나뭇가지에 붙어 있다.

볼록민가슴바구미

몸이 굵은 원통형이며, 주둥이는 굵고 짧다. 온몸이 황색 잔털로 덮였으며, 털이 빠지면 검은색이 드러난다. 어른벌레는 불빛에 잘 날아온다.

바구미과
바구미아과

크기 6~12mm
사는 곳 평지, 낮은 산
나타나는 때 6~8월
움직이는 때 밤
겨울잠 애벌레

□ 몸이 울퉁불퉁하고, 생김새가 특이하다.

옻나무바구미

**바구미과
바구미아과**

크기 15~20mm
사는 곳 평지, 낮은 산
나타나는 때 5~8월
움직이는 때 낮
겨울잠 애벌레

몸빛이 어두운 갈색을 띠는데, 군데군데 다른 색 무늬가 있어 얼룩덜룩하다. 가슴과 딱지날개에는 큰 돌기가 있어 울퉁불퉁하다. 어른벌레는 다양한 활엽수의 진에 모인다. 건드리면 죽은 척한다.

▫ 짝짓기. 나무 색과 비슷하여 잘 보이지 않는다.

극동버들바구미

길쭉한 타원형 몸이 울퉁불퉁하다. 새똥과 비슷해 천적에게서 몸을 보호한다. 어른벌레는 가죽나무에서 무리지어 짝짓기를 한다. 짝짓기 후 암컷은 나무에 그대로 알을 낳고, 애벌레는 나무 속을 파먹고 자란다. 이동이 적은 편이라 태어난 나무를 떠나지 않는다.

바구미과
바구미아과

크기 11mm 안팎
사는 곳 평지, 낮은 산
나타나는 때 4~11월
움직이는 때 낮
겨울잠 어른벌레

◻ 죽은 소나무 껍질 아래 숨었다.

**바구미과
바구미아과**

크기 6~8mm
사는 곳 평지, 낮은 산
나타나는 때 4~7월
움직이는 때 밤
겨울잠 어른벌레

솔흰점박이바구미

몸이 짧고 뭉뚝하며, 적갈색 가루로 덮였다. 딱지날개에는 흰 점 네 개가 뚜렷하다. 겨울에 죽은 소나무 껍질을 벗기면 겨울잠 자는 어른벌레를 볼 수 있다. 어른벌레는 소나무 벌채목과 불빛에 잘 날아온다.

◘ 수컷은 짝짓기를 하려 하고, 암컷은 꽃가루를 먹느라 정신없다.

나무딸기좁쌀바구미

짤막하고 뚱뚱한 몸이 작다. 몸빛이 갈색이고, 가슴에는 황색 세로 무늬가 있다. 어른벌레는 봄부터 활동하며, 산이나 풀밭에 피는 꽃에 날아와 꽃가루를 먹는다.

**바구미과
바구미아과**

크기 2.3~2.9mm
사는 곳 낮은 산
나타나는 때 4~7월
움직이는 때 낮
겨울잠 어른벌레

◘ 왼쪽이 암컷, 오른쪽이 수컷이다. 앞다리를 보면 쉽게 구별된다.

바구미과
바구미아과

크기 9mm 안팎
사는 곳 평지
나타나는 때 5~7월
움직이는 때 낮
겨울잠 어른벌레

흰가슴바구미

검은색과 흰색이 섞여 새똥처럼 보인다. 수컷은 암컷보다 크고, 앞다리가 훨씬 길다. 어른벌레는 팽나무에 수십 마리씩 무리지어 있는데, 이 때 수컷은 암컷을 차지하기 위해 싸운다. 수컷은 긴 앞다리를 이용해 경쟁자를 쫓아 내고, 암컷을 도망가지 못하게 붙잡는다.

◘ 밤에 소나무 벌채목에서 돌아다닌다.

흰모무늬곰보바구미

몸빛이 검고, 딱지날개는 흰 가루로 덮였다. 흰 가루는 잘 벗겨지는 편이라 오래 된 개체는 온몸이 검어 다른 종처럼 보이기도 한다. 어른벌레는 소나무 벌채목에서 돌아다닌다.

바구미과
바구미아과

크기 10~11mm
사는 곳 평지
나타나는 때 6~8월
움직이는 때 밤
겨울잠 알려지지 않음

▫ 짝짓기(위)
▫ 수컷 두 마리가 암컷을 두고 짝짓기 경쟁을 한다.(아래)

털보바구미

바구미과
Subfamily Entiminae

크기 8~12mm
사는 곳 낮은 산
나타나는 때 5~7월
움직이는 때 낮
겨울잠 애벌레

길쭉한 몸이 회색과 검은색이며, 딱지날개는 잔털로 덮였다. 수컷은 뒷다리가 유난히 굵고 길다. 수컷의 뒷다리 종아리마디에는 이름처럼 털이 많으며, 암컷은 털이 적고 다리도 평범하다. 어른벌레는 주로 풀줄기에 붙어 있다.

▫ 풀잎에 앉아 쉰다.

황초록바구미

주둥이는 뭉툭하고, 엉덩이 끝은 뾰족하다. 몸이 금록색 가루로 덮여 반짝이는데, 이 가루는 만지면 쉽게 벗겨진다. 가슴부터 엉덩이까지 길고 노란 줄이 있다. 어른벌레는 버드나무류에서 볼 수 있다.

바구미과
Subfamily Entiminae

크기 12~14mm
사는 곳 평지
나타나는 때 6~8월
움직이는 때 낮
겨울잠 애벌레

◘ 팽나무에 앉아 쉰다.

바구미과
Subfamily Entiminae

크기 6.5~8.2mm
사는 곳 평지
나타나는 때 4~8월
움직이는 때 낮
겨울잠 어른벌레

천궁표주박바구미

딱지날개가 매우 볼록하며, 끝은 뾰족하다. 몸빛은 검은데 회백색 잔털이 덮였으며, 갈색 무늬가 군데군데 있다. 어른벌레는 행동이 둔한 편이며, 주로 팽나무에 붙어 있다.

- 칡잎에 앉았다.(위)
- 죽은 척하는 모습.(아래)

흑바구미

주둥이가 뭉툭하고, 엉덩이로 갈수록 몸이 굵어진다. 주둥이 가운데 홈이 있으며, 몸은 회백색 잔털로 덮였다. 딱지날개 끝에는 혹처럼 돌기가 있다. 칡잎을 주로 뜯어 먹는다. 경계심이 강해 건드리면 땅으로 툭 떨어져 죽은 척한다.

바구미과
Subfamily Entiminae

크기 13~17mm
사는 곳 낮은 산
나타나는 때 5~9월
움직이는 때 낮
겨울잠 애벌레

- 칡잎에 앉아 쉰다.(위)
- 황색이 나는 개체(아래)

쌍무늬바구미

바구미과
Subfamily Entiminae

크기 3.5~7.5mm
사는 곳 평지, 낮은 산
나타나는 때 4~6월
움직이는 때 낮
겨울잠 알려지지 않음

온몸이 연두색이나 황색 잔털로 덮였으며, 털이 빠지면 검은 몸빛이 드러난다. 어른벌레는 주로 칡잎에 여러 마리가 붙어 있는 모습이 관찰된다.

◘ 몸이 뚱뚱하고 둔해 보인다.

알락들바구미

주둥이가 매우 짧고, 배는 유난히 높고 뚱뚱하다. 몸에 갈색 가루가 덮였다. 딱지날개에는 점으로 된 세로줄이 있으며, 이 줄을 따라 네모 무늬가 나란하다. 어른벌레는 주로 넓은 풀잎에 앉아 있다.

바구미과
Subfamily Entiminae

크기 8mm 내외
사는 곳 평지, 낮은 산
나타나는 때 4~9월
움직이는 때 낮
겨울잠 어른벌레

- 소나무 위를 돌아다닌다.(위)
- 주둥이가 길다.(아래)

왕바구미

바구미과 왕바구미아과

크기 12~29mm
사는 곳 평지, 낮은 산
나타나는 때 5~9월
움직이는 때 밤
겨울잠 애벌레, 어른벌레

우리 나라 바구미 중 가장 크다. 온몸이 울퉁불퉁하고 매우 딱딱하다. 몸빛과 무늬가 땅콩과 비슷하다. 어른벌레는 다양한 활엽수의 진에 모이고, 소나무 벌채목에 모여 짝짓기를 하고 알도 낳는다. 애벌레는 소나무 속을 파먹고 자란다. 어른벌레는 불빛에도 날아온다.

◘ 참나무류 줄기에 붙어 있다.

흰줄왕바구미

온몸에 갈색 가루가 덮였고, 가슴부터 배 끝까지 흰 줄이 꽈배기 모양을 이룬다. 오래 된 개체는 가루가 벗겨져 무늬가 불분명하다. 어른벌레는 참나무류 진에 모이며, 불빛에도 날아온다. 남부 지방에서 주로 발견된다.

바구미과
왕바구미아과

크기 9~15mm
사는 곳 평지, 낮은 산
나타나는 때 5~8월
움직이는 때 낮
겨울잠 애벌레

- 온몸에 쌀가루가 묻었다.(위)
- 쌀을 파먹는다.(아래)

어리쌀바구미

**바구미과
왕바구미아과**

크기 2.3~3.5mm
사는 곳 평지
나타나는 때 4~11월
움직이는 때 낮
겨울잠 어른벌레

크기가 쌀알만 하다. 몸은 흑갈색이고, 딱지날개에 황갈색 점이 네 개 있다. 쌀을 보관하는 곳에서 자주 보이는 종이다. 어른벌레는 쌀을 갉아먹으며, 쌀에 알을 낳는다. 애벌레는 쌀을 파먹고 자란다.

찾아보기

가

가는무늬밑빠진벌레 · 228
가는조롱박먼지벌레 · 64
가는청동머리먼지벌레 · 75
가슴빨간개미붙이 · 226
가시나무비단벌레 · 192
가시수염범하늘소 · 313
갈색무늬납작밑빠진벌레 · 231
감자풍뎅이 · 154
강변길앞잡이 · 36
개나무좀 · 221
개야길앞잡이 · 34
거위벌레 · 412
거짓쌀도둑거저리 · 258
검은반날개 · 114
검정금테비단벌레 · 184
검정꽃무지 · 180
검정넓적비단벌레 · 190
검정명주딱정벌레 · 49
검정물방개 · 33
검정뿔소똥풍뎅이 · 143
검정사과하늘소 · 365
검정송장벌레 · 107

검정오이잎벌레 · 392
검정칠납작먼지벌레 · 72
검정하늘소 · 287
고려긴가슴잎벌레 · 370
고려나무쑤시기 · 233
고려노랑풍뎅이 · 148
고려비단벌레 · 186
고려줄딱정벌레 · 60
고려청동방아벌레 · 207
고운산하늘소 · 291
곰보벌레 · 26
곰보송장벌레 · 101
곰보하늘소 · 335
곳체개미반날개 · 116
구슬무당거저리 · 265
국화하늘소 · 366
굴피염소하늘소 · 355
권연벌레 · 222
극동긴맴돌이거저리 · 263
극동버들바구미 · 434
극동붙이금풍뎅이 · 136
금강산거저리 · 264
금자라남생이잎벌레 · 400

금줄풍뎅이 · 160
금테비단벌레 · 185
긴다리소똥구리 · 138
긴다리호랑꽃무지 · 174
긴뿔거저리 · 260
긴수염하늘소 · 346
긴알락꽃하늘소 · 301
긴점무당벌레 · 249
긴풍뎅이붙이 · 100
길앞잡이 · 45
길쭉꼬마사슴벌레 · 118
길쭉바구미 · 426
길쭉소바구미 · 405
깔따구길앞잡이 · 41
깔따구꽃하늘소 · 304
깔따구풀색하늘소 · 311
깔따구하늘소 · 325
깨다시하늘소 · 326
꼬마긴다리범하늘소 · 313
꼬마길앞잡이 · 43
꼬마남생이무당벌레 · 248
꼬마넓적사슴벌레 · 132
꼬마목가는먼지벌레 · 93
꼬마방아벌레 · 204
꼬마하늘소 · 332
꽃무지 · 177
꽃벼룩 · 252
끝무늬먼지벌레 · 83

나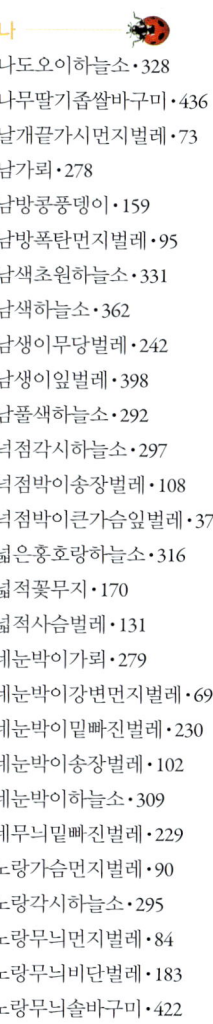

나도오이하늘소 · 328
나무딸기좁쌀바구미 · 436
날개끝가시먼지벌레 · 73
남가뢰 · 278
남방콩풍뎅이 · 159
남방폭탄먼지벌레 · 95
남색초원하늘소 · 331
남색하늘소 · 362
남생이무당벌레 · 242
남생이잎벌레 · 398
남풀색하늘소 · 292
넉점각시하늘소 · 297
넉점박이송장벌레 · 108
넉점박이큰가슴잎벌레 · 374
넓은홍호랑하늘소 · 316
넓적꽃무지 · 170
넓적사슴벌레 · 131
네눈박이가뢰 · 279
네눈박이강변먼지벌레 · 69
네눈박이밑빠진벌레 · 230
네눈박이송장벌레 · 102
네눈박이하늘소 · 309
네무늬밑빠진벌레 · 229
노랑가슴먼지벌레 · 90
노랑각시하늘소 · 295
노랑무늬먼지벌레 · 84
노랑무늬비단벌레 · 183
노랑무늬솔바구미 · 422

노랑무당벌레 · 250
노랑배거위벌레 · 414
노랑선두리먼지벌레 · 63
노랑쌍무늬바구미 · 431
노랑썩덩벌레 · 272
노랑줄어리병대벌레 · 218
노랑줄왕버섯벌레 · 236
노랑테가시잎벌레 · 396
녹색네모하늘소 · 363
녹슬은방아벌레 · 200
누런방아벌레 · 209
느룹나무혹거위벌레 · 418
늦반딧불이 · 215

둥글목남가뢰 · 277
등빨간거위벌레 · 419
등빨간긴가슴잎벌레 · 371
등빨간먼지벌레 · 74
등얼룩풍뎅이 · 165
딱정벌레붙이 · 67
띠띤수염잎벌레 · 387

라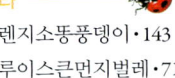
렌지소똥풍뎅이 · 143
루이스큰먼지벌레 · 71
르위스거저리 · 266

다
다우리아사슴벌레 · 122
달무리무당벌레 · 243
대륙곰보하늘소 · 336
대륙애기무당벌레 · 240
대륙흰줄바구미 · 424
대모송장벌레 · 104
대왕거저리 · 261
대유동방아벌레 · 199
두꺼비딱정벌레 · 59
두눈사과하늘소 · 364
두릅나무잎벌레 · 379
두점박이먼지벌레 · 89
두점박이사슴벌레 · 124

마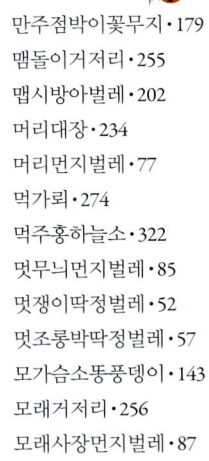
만주점박이꽃무지 · 179
맴돌이거저리 · 255
맵시방아벌레 · 202
머리대장 · 234
머리먼지벌레 · 77
먹가뢰 · 274
먹주홍하늘소 · 322
멋무늬먼지벌레 · 85
멋쟁이딱정벌레 · 52
멋조롱박먼지벌레 · 57
모가슴소똥풍뎅이 · 143
모래거저리 · 256
모래사장먼지벌레 · 87

모무늬비단벌레·193
모시긴하늘소·369
모자주홍하늘소·323
목가는먼지벌레·92
목대장·282
목하늘소·342
묘향산거저리·268
무녀길앞잡이·46
무늬줄풍뎅이붙이·100
무당벌레·245
무당벌레붙이·238
물가동근물삿갓벌레·197
물땡땡이·98
물맴이·27
물방개·32
민무늬먼지벌레·82
민줄딱정벌레·61
밑빠진버섯벌레·110

바

반날개하늘소·286
밤나무잎벌레·375
배나무육점박이비단벌레·189
배노랑긴가슴잎벌레·372
배물방개붙이·31
배자바구미·421
버드나무좀비단벌레·195
버들잎벌레·386
버들하늘소·284
벌호랑하늘소·317
범하늘소·312
벚나무사향하늘소·310
별가슴호랑하늘소·320
별거저리·267
별줄풍뎅이·161
보라금풍뎅이·134
볼록민가슴바구미·432
부산풍뎅이·163
북방거위벌레·413
북방곤봉수염하늘소·358
북방길앞잡이·47
북방물땡땡이·97
북방수염하늘소·347
불개미붙이·227
붉은다리빗살방아벌레·211
붉은산꽃하늘소·299
비단벌레·188
빨간색우단풍뎅이·152
뽕나무하늘소·351
뽈거위벌레·409
뿔소똥구리·139

사

사각노랑테가시잎벌레·397
사과곰보바구미·428
사과나무잎벌레·382

사마귀수시렁이 · 219
사슴벌레 · 121
사슴벌레붙이 · 133
사슴풍뎅이 · 175
사시나무잎벌레 · 385
산길앞잡이 · 39
산맴돌이거저리 · 254
산흰줄범하늘소 · 313
삼하늘소 · 368
상아잎벌레 · 390
상재홍단딱정벌레 · 55
새똥하늘소 · 357
서울병대벌레 · 217
세줄호랑하늘소 · 319
소나무비단벌레 · 187
소나무하늘소 · 290
소범하늘소 · 318
소요산소똥풍뎅이 · 142
솔곰보바구미 · 430
솔수염하늘소 · 344
솔흰점박이바구미 · 435
쇠길앞잡이 · 44
수염풍뎅이 · 150
수염하늘소 · 348
수중다리송장벌레 · 105
수중다리잎벌레 · 402
술소바구미 · 403
싸리남색거위벌레 · 420
쌍무늬검은무당벌레 · 239

쌍무늬먼지벌레 · 81
쌍무늬바구미 · 443
쌍무늬혹가슴잎벌레 · 401
쑥잎벌레 · 384

아

아무르납작풍뎅이붙이 · 100
아이누길앞잡이 · 37
알락거위벌레 · 417
알락늘보바구미 · 444
알락방아벌레 · 201
알락수염하늘소 · 353
알락하늘소 · 340
알통다리꽃하늘소 · 303
알통다리잎벌레 · 394
알통다리하늘소붙이 · 273
애기맵시딱정벌레 · 61
애기물방개 · 28
애기뿔소똥구리 · 140
애남가뢰 · 276
애남생이잎벌레 · 399
애둥글먼지벌레 · 79
애딱정벌레 · 58
애반딧불이 · 214
애사슴벌레 · 126
애알락수시렁이 · 220
애조롱박먼지벌레 · 66
애청삼나무하늘소 · 314

애홍점박이무당벌레·241
어깨넓은거위벌레·416
어깨무늬풍뎅이·164
어리복숭아거위벌레·411
어리쌀바구미·447
얼러지쌀도적·223
얼룩무늬좀비단벌레·194
얼룩방아벌레·206
얼룩이개미붙이·224
열두점박이꽃하늘소·302
열석점긴다리무당벌레·247
열점박이별잎벌레·388
넓은털왕사슴벌레·127
옆검은산꽃하늘소·298
오리나무잎벌레·389
오리나무풍뎅이·163
오이잎벌레·391
올리브곰보바구미·429
옻나무바구미·433
왕거위벌레·415
왕바구미·445
왕반날개·112
왕빗살방아벌레·198
왕사슴벌레·129
왕풍뎅이·151
외뿔장수풍뎅이·169
우리꽃하늘소·294
우리딱정벌레·54
우리목하늘소·343

우리하늘소·329
우리흰별소바구미·406
우묵거저리·259
우수리둥글먼지벌레·80
우엉바구미·423
울도하늘소·349
울릉둥글먼지벌레·78
원표애보라사슴벌레·117
유리알락하늘소·339
유리콩알하늘소·359
윤조롱박딱정벌레·56
이마무늬송장벌레·109
이십팔점박이무당벌레·251
잎벌레붙이·269

자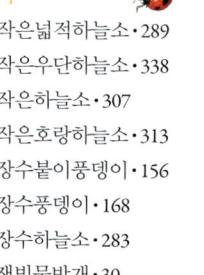

작은넓적하늘소·289
작은우단하늘소·338
작은하늘소·307
작은호랑하늘소·313
장수붙이풍뎅이·156
장수풍뎅이·168
장수하늘소·283
잿빛물방개·30
적갈색남생이잎벌레·399
점날개잎벌레·395
점박이긴다리풍뎅이·145
점박이길쭉바구미·427

점박이수염하늘소 · 345
점박이염소하늘소 · 354
점박이큰벼잎벌레 · 373
제주거저리 · 253
제주뿔꼬마사슴벌레 · 120
제주왕딱정벌레 · 51
제주풍뎅이 · 167
주둥무늬차색풍뎅이 · 155
주홍꼽추잎벌레 · 381
주홍하늘소 · 324
주황긴다리풍뎅이 · 144
줄각시하늘소 · 296
줄딱부리강변먼지벌레 · 68
줄먼지벌레 · 86
줄무늬소바구미 · 407
줄우단풍뎅이 · 149
줄점잎벌레붙이 · 270
줄콩알하늘소 · 360
중국먼지벌레 · 62
중국청람색잎벌레 · 383
진거저리 · 257
진홍색방아벌레 · 210
짝지하늘소 · 333

차

참개미붙이 · 225
참검정풍뎅이 · 146
참금풍뎅이 · 135

참길앞잡이 · 40
참나무하늘소 · 352
참넓적꽃무지 · 171
참넓적사슴벌레 · 130
참콩풍뎅이 · 157
창뿔소똥구리 · 141
천궁표주박바구미 · 441
청가뢰 · 275
청남생이잎벌레 · 399
청동방아벌레 · 208
청동풍뎅이 · 163
청동하늘소 · 293
청딱지개미반날개 · 116
청줄하늘소 · 306
칠성무당벌레 · 244

카

카멜레온줄풍뎅이 · 163
콜체잎벌레 · 377
콩잎벌레 · 380
콩풍뎅이 · 158
크라아츠방아벌레 · 205
크로바잎벌레 · 393
큰검정풍뎅이 · 147
큰곰보하늘소 · 334
큰꼬마사슴벌레 · 119
큰남색잎벌레붙이 · 271
큰남색하늘소 · 361

큰남생이잎벌레 · 399
큰납작밑빠진벌레 · 232
큰넓적송장벌레 · 103
큰넓적하늘소 · 288
큰명주딱정벌레 · 50
큰목가는먼지벌레 · 94
큰무늬길앞잡이 · 38
큰무늬맵시방아벌레 · 203
큰수중다리송장벌레 · 106
큰알락물방개 · 29
큰우단하늘소 · 337
큰자색호랑꽃무지 · 173
큰점박이똥풍뎅이 · 137
큰조롱박먼지벌레 · 65
큰털보먼지벌레 · 88
큰홍반디 · 212
큰황색가슴무당벌레 · 246

톱니무늬버섯벌레 · 235
톱사슴벌레 · 123
톱하늘소 · 285
통사과하늘소 · 365
투구반날개 · 111

파

파파리반딧불이 · 213
팔점긴하늘소 · 367
팔점박이먼지벌레 · 91
팔점박이잎벌레 · 376
폭탄먼지벌레 · 96
풀색꽃무지 · 181
풀색명주딱정벌레 · 48
풍뎅이 · 162
풍뎅이붙이 · 99
풍이 · 176

타

털거위벌레 · 410
털두꺼비하늘소 · 356
털머리먼지벌레 · 76
털보바구미 · 439
털보소바구미 · 404
털보왕버섯벌레 · 237
털보왕사슴벌레 · 128
테두리염소하늘소 · 355
톱날개좀비단벌레 · 195

하

하늘소 · 308
한국길쭉먼지벌레 · 70
한국반날개 · 115
호랑꽃무지 · 172
호리병거저리 · 262
흑바구미 · 442
흑잎벌레 · 378
홀쭉꽃무지 · 182

455

홀쭉범하늘소・315
홀쭉하늘소・305
홈줄풍뎅이・166
홍가슴꽃하늘소・300
홍가슴호랑하늘소・321
홍날개・281
홍다리사슴벌레・125
홍단딱정벌레・55
홍딱지반날개・113
화살하늘소・350
화홍깔따구길앞잡이・42
황가뢰・280
황녹색호리비단벌레・191
황초록바구미・440

회떡소바구미・408
회황색병대벌레・216
후박나무하늘소・341
흑다색우단풍뎅이・153
흰가슴바구미・437
흰가슴하늘소・330
흰깨다시하늘소・327
흰띠길쭉바구미・425
흰모무늬곰보바구미・438
흰염소하늘소・355
흰점박이꽃무지・178
흰점비단벌레・196
흰줄왕바구미・446
흰테길앞잡이・35